◆ 青少年做人慧语丛书 ◆

登高望远，思索的分量才重

◎战晓书　选编

吉林人民出版社

图书在版编目(CIP)数据

登高望远,思索的分量才重 / 战晓书编. -- 长春: 吉林人民出版社, 2012.7
(青少年做人慧语丛书)
ISBN 978-7-206-09130-8

Ⅰ.①登… Ⅱ.①战… Ⅲ.①人生哲学-青年读物②人生哲学-少年读物 Ⅳ.①B821-49

中国版本图书馆CIP数据核字(2012)第150921号

登高望远,思索的分量才重

DENGGAO WANGYUAN, SISUO DE FENLIANG CAI ZHONG

编　　著:战晓书
责任编辑:李　爽　　　　　　封面设计:七　洱
吉林人民出版社出版 发行(长春市人民大街7548号 邮政编码:130022)
印　　刷:北京市一鑫印务有限公司
开　　本:670mm×950mm　1/16
印　　张:12.25　　　　　　字　　数:150千字
标准书号:ISBN 978-7-206-09130-8
版　　次:2012年7月第1版　　印　　次:2023年6月第3次印刷
定　　价:45.00元

如发现印装质量问题,影响阅读,请与出版社联系调换。

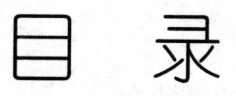

目录
CONTENTS

关照人就是关照自己 /001

委屈自己一次，宽容他人一生 /004

热时冷，冷时热 /006

修　　养 /007

豁　　达 /009

敬畏规则 /011

善待前夕 /012

亲爱的笨小孩 /015

山的背面开满了鲜花 /017

不要赢了今天输了明天 /020

胸怀大，痛苦小 /023

说好你的故事 /026

心有多大世界就有多大 /030

深镌进心灵的目光 /032

行动是最好的机遇 /036

把世界变成我们的 /039

幸福是青春的味道	/ 042
心　有　主	/ 044
人生中最宝贵的是什么	/ 046
烛光隧道	/ 049
请给你的对手留一扇窗	/ 050
寻找生命的坐标	/ 053
生命与读书	/ 055
速成难成	/ 060
幸运由心而生	/ 062
用人格之得，补名利之类	/ 064
双手托起121颗太阳	/ 069
不图一生平安　但求一生有为	/ 083
"恶"邻善处	/ 088
同事间相处的八个秘诀	/ 092
石成金立身《十要歌》	/ 096
做事之前先做人	/ 101
百舸争流话从容	/ 106
幸福时光的断想	/ 110
永葆青春的秘诀	/ 115
因为百合花长到田里	/ 121
把烦恼抛在身后	/ 123

用宽容赢得友谊 /130

面对生活，你是愁还是笑 /135

带着野心上路，西部汉子闯荡上海滩 /138

你去过最好的学校吗 /147

善心永远是阳光 /149

如何避免友情与利益的冲突 /153

是谁偷走了你的感动 /158

识人之要在于小 /161

奖励自己 /166

人生"混"不起 /169

谁的夜晚比白天更长 /172

行动比抱怨更有效 /175

最美丽的你在路上 /178

在困境中向往美好 /180

梦想的力量 /182

揣着愿望不必等流星 /185

关照人就是关照自己

蜚声世界的美国石油大王哈默在成功前，曾一度是个不幸的逃难者。有一年冬天，年轻的哈默随一群同伴流亡到美国南加州一个名叫沃尔逊的小镇上。在那儿，他认识了善良的镇长杰克逊。

一天，冬雨霏霏，镇长门前花圃旁的小路成了一片泥淖。于是，行人就从花圃里穿过，弄得花圃里一片狼藉。哈默替镇长痛惜，便不顾寒雨淋身，一个人站在雨中看护花圃，让行人从泥泞的小路上穿行。镇长回来了，他挑了一担煤渣，在一头雾水的哈默面前，从从容容地把煤渣铺在了泥淖的小路上，结果，再也没有人从花圃里穿行了。最后，镇长意味深长地对哈默说："你看，关照别人，其实就是关照自己，有什么不好？"

可以说，镇长杰克逊对哈默后来的成功起了不可估量的作用。哈默成功后，曾对不理解他有一阵子减少石油输出量、说这与他石油大王身份不符的记者的提问回答道："关照别人就是关照自己。而那些想在竞争中出人头地的人如果知道，关照别人需要的只是一点点的理解与大度，却能赢来意想不到的收获，那他一定会后悔不迭的。关照是一种最有力量的方式，也是一条最好的路。"哈默的成功之路，就是走的一条关照的路，而关照别人，不仅能够赢得意想不到的收获，还有可能改变自己的一生。

乔治·伯特是美国著名的渥道夫·爱斯特莉亚饭店的第一任总经理，他正是用关照别人的善良和真诚，换来了自己一生辉煌的回报。那时，他只是一家饭馆的年轻服务员，一个暴风雨的晚上，一对老夫妇来旅馆订房，可是，旅馆所有的房间都被团体包下了，而附近的旅馆也都客满了。看着老夫妇一脸的无奈，乔治·伯特想到了自己的房间，他对老夫妇说："先生、太太，在这样的夜晚，我实在不敢想象你们离开这里却又投宿无门的处境，如果你们不嫌弃的话，可以在我的房间里住上一晚，那里虽然不是豪华套房，却十分干净，我今天晚上在这里加班工作。"老夫妇感到给这个服务生增添了不少麻烦，很是不好意思，但他们还是谦和有礼地接受了服务生的好意。第二天早上，他们要付给这个服务生住宿费，但被他拒绝了："我的房间是免费借给你们的，我昨天晚上在这里已经挣了额外的钟点费，房间的费用本来就包含在里面了。"老先生很是感动，说："你这样的员工是每一个旅馆老板梦寐以求的，也许有一天，我会为你盖一座旅馆。"年轻的服务生笑了笑，他明白老先生的好心，但他知道这是一个笑话。

几年后的一天，仍在那个旅馆上班的乔治·伯特忽然收到了老先生的来信，请他到曼哈顿去见面，并附上了往返的机票。乔治·

伯特来到曼哈顿，在第五大道和三十四街之间的豪华建筑物前见到了老先生。老先生指着眼前的建筑物说："这是我专门为你建造的饭店，我以前曾经说过的，你还记得吗？"乔治·伯特吃惊极了："你在开玩笑吧？我真糊涂了，请问这是为什么？"老先生很温和地说："我的名字叫威廉·渥道夫·爱斯特，这其中没什么阴谋，只因为我认为，你是经营这家饭店的最佳人选。"谁能想到，这年轻的服务生对老夫妇的一次关照，却赢得了自己一生的幸运和收获。

是的，生活中很多时候，有许多我们用金钱和智慧千方百计得不到的东西，却因为一点点温暖、真诚、爱心和善良，轻而易举地就得到了。只是因为，很多时候，这些看似平凡而又简单的付出，却比金钱和智慧放射出更加诱人的光亮和色彩，却比金钱和智慧更加令人需要和愉悦。

记住，给别人掌声，自己周围掌声四起；给别人机会，成功正在向自己走近；给别人关照，就是关照自己。

（张占平）

委屈自己一次，宽容他人一生

在外漂泊的日子，无助和寂寞的间隙塞满了五花八门的委屈，常会在夜深人静的孤独时分，心酸的泪洒枕巾，泣声嘤嘤，或者鼓起勇气向遥远的严父慈母倾诉，以换取一丝温暖的安慰和激励。

不料，在一次回家时，父亲的朴实话语令我汗颜。故事很简单：那年父亲在后山坡放牛，而邻居家6岁的狗娃正在坡下的铁路上捡石子玩。火车轰轰隆隆地驶来了，牛吓惊了飞跑，闯进了我家那块绿油油的菜园。本来父亲完全有时间阻止牛的侵袭，但他看见狗娃玩得投入仍待在枕木上，连忙转身去拉狗娃这个愣蛋。火车呼啸地急驶而去，狗娃得救了，但他却被父亲摔掉了两颗标致的门牙。狗娃凄惨的哭声惊动了邻居，而缘于祖上道不清理更乱的"过结"并结为世仇的邻居，一见宝贝儿子脸青牙缺血迹斑斑，便骂骂咧咧开了。在一阵盘问后，狗娃一口咬定是父亲把他弄成这样的。童言无忌，父亲忙点头赔笑赔不是，任凭奚落而一言不发，最后还赔了全家7口两个月的盐油钱，但也始终只字未提刚才发生的惊险片段。

数年之后，狗娃也人模狗样地有所作为了。年前从花花世界广州城赶回来,到家屁股未挨凳,便精神抖擞地拎着几条云烟扛着一箱洋酒,放响了一万响的鞭炮来向父亲叩谢。狗娃的父亲也忙撇下几十年不变的板脸孔:"石兄,有愧有愧哟!"80余年的世仇竟在瞬间散成烟云。

父亲仍是满脸微笑,连忙摆手说,过去的就不要提了,同一个屋檐下不说两家话。来,喝几杯!几十年来所受的委屈他竟然没有半句怨言牢骚。

望着我疑惑的神情,父亲平静地笑了,他说:"委屈自己一次,有时会宽容他人一生。"

委屈还那么重要吗?还值得念念不忘使身心沉甸起来吗?轻装上阵,走得越正越踏实,委屈的阴影就会越小越窄,豁达的心里自然是神采飞扬了。于是,我会永远铭记父亲的"名言":"委屈自己一次,有时会宽容他人一生。"从此,我学会了从容而踏实地在南方灿烂的天空下奋力拼搏。

(周桂清)

热时冷，冷时热

有了郁闷，积淀在心底总不是个办法，得想办法给予排解。这时亲友相聚，互诉衷肠，谈笑风生，是最好的排解。

在困难和困惑之时，真正出现在身边的，也就是几个亲人和密友，或许还加上为数不多的好友。平日里来客如云，满面春风的后面，总是别有所图。所以，"老道"的生命，总是"热时冷，冷时热"。

热时冷，是指自己大权在握时，要异常冷静，谨防为小人所用；亦指他人炙手可热时，不去凑热闹，而是冷静观之。

冷时热，是指自己处逆如顺，在冷板凳上要坐得住，耐得烦，自燃自热；亦指他人落难之时，伸出滚热之手，给予真诚一助。

热门冷门是客观存在，看你怎么想，怎么走热门走多了，容易忘乎所以，跟着头脑发热，所以还是多走冷门，来得更实在一些。

凡热时热、冷时冷的人，不妨多警觉些，最好敬而远之，以防被蒙被骗。

（欧阳斌）

修　养

修养，是一个人的心灵之果在走向成熟的过程中已达到某种程度的外在的体现。实际上，只有成熟的果子，才有着特有的迷人的馨香；只有充实的果子，才能给人以舒心的快乐；只有甜甜的果子，才能让人久久地怀想。

修养。是一个人的生命的土地展现在这个世界面前的一番景象。荆棘遍地或荒凉不堪，总是令人不忍卒睹和不愿走近的。只有山青谷幽、泉涌溪流、林木森然、鲜花盛开的土地，才能让人们流连和向往。

修养，是一种境界，是飘在一个人生命天空中展示其生命特色的一面旗帜。桃李不言，下自成蹊；古木不语，下自成荫；山溪虽湍却难著舟，大海不奔竟托巨轮。雀鸟穿行谷底枝叶间，抬头尽是飞不过的沟坎、越不过的高峰；大鹏翱翔于万里云天，低首尽是如弹丸般的山峦、琴弦般的流水。

修养，是一个人在生活的金矿里开采的矿石，用心灵之炉炼成的纯金。能得此纯金之境者，即使一字不识，亦能得诗家之真趣。

修养，是把自己的心灵之蜜奉献于他人，而不是使自己成为一个夹在人群中总是让人感到浑身都不舒服的刺球。所以，孔子说我志在'使老者安之，朋友信之，少者怀之'，此之谓也。

一个人有知识，并不等于他就有修养，就像一个人腰里整天挎着宝剑，他并不一定是武士一样，只有在他掌握了精湛的剑艺和与之相匹配的武德，他的宝剑才真正具有了灵性和力量。所以，一个人所拥有的知识如果不能像冰溶化在水里一样溶化在你的好品格里，它就不能成为你修养之树上的一朵美丽的花。

愿我们每个人的修养之树都能枝繁叶茂，鲜花盛开！

（王飙）

豁　达

雪天路滑，摔倒了，全身生疼，别骂、定定神，缓缓疼，高兴地站起来前行就得了，幸亏摔了一跤，摔三跤五跤，你还赖在路上不起来不成？走着走着，车胎没气了，别骂。不就扎了一个小图钉吗？人的脚上都还有扎刺的时候呢。

面对着日复一日、单调乏味的事儿，别怕。有事干就是福，这正说明你有工作、有收入。面对日渐增多的白发，别怕。花开纵有千日红，人生谁不白头翁？黑发年少懵懂过，老来更知人生乐。

家有高中读书郎，别愁。不要说："家有读书郎，愁坏爹和娘。"而要想，家有书卷香，前程通四方。自己得病了，别愁。愁也一天，乐也一天。嘻嘻哈哈活长命，气气恼恼易生病。

读书学艺，进步不快，别急。一口吃不成胖子，吃成胖子也不像样子。速生的竹子哪能比得上慢长的松树哇。创家立业，未能一步到位，别急。白米细面，土中提炼。要想吃饭，就得出汗。心急吃不上热豆腐哇！

单位的领导强调工作纪律，别烦。这首先说明你有单位、有工作。下了岗，没单位，才叫烦呢。面对妻子的唠叨，别烦。一位妻亡家毁的富翁说，有家，有妻子，真好。能一起吃饭，能一起说话，就是一起吵架也好哇！

去银行取款，发现扣了税，别怨。这说明你有个人所得收入。扣税越多，不是说明个人收入也越多吗？行车被交警罚款，别怨。十次车祸九违章，掏钱买教训，这等于给你系上了安全带，你偷着乐去吧。

有人在背后给你使了坏，你没来得及回敬他一下，别悔。他一脚踩了玫瑰花，玫瑰花反而把香味留在他鞋上了。这就是宽容。宽容是美德。

人的一生，从呱呱坠地到古稀七十，也不过两万多天罢了。无端地让心空布满阴云，多可怕呀！再说，坎坷不平，是人生的正常状态；一帆风顺，倒是人生的偶然状态。人生的诀窍在于豁达，学会豁达，生活就快乐多了。

（刘光荣）

敬畏规则

山东有一个蕨菜生产基地，向日本出口蕨菜，这也成了当地重要的经济来源。日本人要求把蕨菜放在太阳底下晒干了以后打包运到日本去。由于放在太阳下晒干需要两天时间，很多老百姓等不及，就把蕨菜用锅烘烤，烘烤以后，从表面上看，和晒干的蕨菜没啥两样。可烘干的蕨菜多了，日本人就发现问题了，因为烘干的蕨菜里面是湿的，用水根本就泡不开。

日本人就警告这个地区的人，千万不要用锅烘烤，一定要放在太阳底下晒。大部分的老百姓遵守了这个规则，放在太阳底下晒。但总有一些老百姓把蕨菜偷偷地放在锅里烘烤，日本人发现以后，在一天之内断绝了跟这个地区的全部蕨菜交易。这个地区一夜之间失去了最重要的经济来源。现在，老百姓依然在贫困中挣扎，因为他们的蕨菜卖不出去了。

你可以想象，当一个人只顾眼前利益的时候，将最终导致人生和事业的失败。

(焦淳朴)

善待前夕

所谓前夕,是即将发生某事之前的那段时间。在人生的旅途中,前夕是一种惊心动魄的临界状态,不管你喜不喜欢,不管你想要逃避,还是不安地期待,它总是在一个又一个节点上,以无比炽热的温度,无情地炙烤着你,让你紧张、惶恐,辗转反侧,无法入眠。

比如等待爱情来临的前夕,是焦灼又兴奋的,很像一只即将初次飞行的大鸟,不知道巢穴外面的湛蓝的天空,会不会突然间就起了狂风暴雨,一场浪漫的出行,瞬间就成为狼狈不堪地逃离。心中所有的美好的期待,此刻只是一层薄而脆弱的表皮,假若能够深入那个一直暗恋的女孩的心,所有的渴盼,都将化为爱情的花朵肆意绽放的雨露与阳光。

比如等待成功的前夕,哪怕只有短短的十分钟,甚至是十秒,也是一场惊涛大浪,任何一点外力,触碰到那里,都会引燃内心的火焰,产生的爆炸,力量不亚于七级的地震,或者火山的喷发,成功是人人渴望的,但能有勇气和耐心等待成功,却不是每个人都具备的。

比如等待回乡的前夕,"近乡情更怯"体现了多少人内心的紧张与不安。家是一个人生命的起点,在外漂泊久了,都想回家,而在回家的前夕,心肯定是不平静的。那一夕,肯定难熬。越是接近,就越不知所措,心中百感交集的心情,只有经历过的人才能感受。

前夕不比前戏,那种欢娱和嬉笑,轻松与暧昧,前夕中没有丝毫。了无征兆,却冥冥中感觉会有什么发生,这样的结局,即便是意料之中,也依然心有忐忑,每过一秒,都小心翼翼,似乎一脚下去,便是让自己粉身碎骨的定时炸弹。这前夕,不管是一秒,还是一年,甚至是十年,其中蕴蓄的能量,都是巨大无边,不可预测的。山雨欲来风满楼,风吹草动中,是险象环生。

可是我常常不能够明白,波涛起伏中,那个顶峰上的骇浪,不是一日积成,所谓不积跬步,无以至千里,不积小流,无以成江海。而成功的果实,在枝头的最高处熟透的时候,你仰头望它,其实,望的不只是它此刻的累累硕果,而是成功起始到终结的漫漫长路。

善待前夕吧,如果相伴的这一程,在时光的流逝中,还能颜色鲜亮,记忆犹新,那么这前夕里所发生的一切,当是其中最浓墨重彩的一笔。每一次对人提及,都是没齿难忘,耿耿于怀。对方说过的每一句话,每一个眼神,离去时的骄傲姿态,言辞里的冷漠无情,都色彩艳丽,宛若昨昔。

善待前夕,是一种智慧,一种胸怀,一份情思,一言难尽。善待需要一种百折不挠的精神,永不言弃;需要乐观坚守,不随波逐流；需要自我鼓励，自我打气。前夕，是在黑暗中积蓄力量，潜伏着努力，总会在明朝迎来光明的曙光。善待前夕，当梦想翩飞起程时你会明白：前夕，是一种多么美好的希望与起点！

（安宁）

亲爱的笨小孩

上幼儿园的时候,有一次我们的老师说第二天要带我们"太空一日游",给我们介绍宇宙的知识。第二天上课的时候,我旁边的小朋友坐得笔直,一副兴奋难耐的样子。下了课老师走后她问我:"我们不去了吗?"我不解:"去哪?""我们不是要太空一日游吗?"她的憨态差点儿让我笑得岔过气去。最后她遗憾地拿出书包来:"我白准备了吃的东西。"我看着那个硕大无比的包一边笑一边说:"你还拿这么多。"她从大包里掏出一个小包:"因为我还给你带了一份啊。"我停止了笑,心里是说不出的滋味。

上小学的时候,学校的厕所和教学楼隔着一个操场,女生去上厕所都是结伴去。后来我们发现班上有一个女生只要是别人叫她,她一定跟着,不管刚才自己去没去过。班上的女生试了很多次屡试不爽,都笑她呆。回家后我把这件事当笑话讲给我妈听,但我记得她没有笑,表情怪怪的。后来有一次我和我妈在路上遇到了那个女孩,我悄悄地跟她说这个就是那个上厕所女孩。不料一向不让我带同学回家的妈妈竟然邀请她到我家去玩,还极为热情地招待了她。

后来我再看到她一次次地陪别人去厕所，心里是说不出的滋味。

上大学的时候，在美协认识了一个女生，别人都跟我说她是个好好小姐，从来不会说别人不好。她钢琴十级，平时只听纯音乐，有人声儿的歌曲基本不屑于听。我为了一探究竟，给她推荐了一首《月亮之上》。过了几天见面问她"好听吗？"她说："很好听，很有你们内蒙古的风情。"我看着她一本正经的样子竟然没有笑，心里是说不出的滋味。

读硕士的时候，舍友总是奔波在为这朋友那亲戚帮忙的琐事中，为了帮外地准备考武汉研究生的同学买书满世界地跑，大半夜去火车站接同学然后陪着他们去住旅馆，陪着隔三岔五来武汉的朋友吃饭逛街。我跟她说："你就是你所有同学、朋友和八竿子打不着的亲戚驻武汉的办事处，谁有事都来找你。"她也很无奈，但一有人求她还是依然如故。我看着她顾着忙别人的事耽误着自己的事，心里总是说不出的滋味。

我爸曾经说过："男孩笨些好，笨些不伤人；女孩聪明些好，聪明不被人伤。"

我那时以为聪明就是学习好，于是很努力地去学习，但后来还是屡屡地受到伤害。照样去做后，我的世界果然天下太平，但是每当我想起我成长道路上的那些笨朋友，心里总是有说不出的滋味。

（温宝）

山的背面开满了鲜花

差不多20年前吧,我战战兢兢地迎来了人生中的第一次高考。

让人绝望的是,按照预估的分数,我只能报考师范一类的学校。可我从小到大的理想就是做一名记者呀,在我心里,与其做一名土头土脑的教师,倒不如回家卖红薯。面对这样的现实,我真想打退堂鼓,重新复读一年,再来实现自己的梦想。

可是,父母却坚决不同意我的想法。当时,弟弟妹妹正在上初中,家里只有老爸一个人挣工资,早一个孩子有出路,父母肩上的担子就轻一点儿。而且在父母看来,考上师范专业对于一个女孩子来说,实在是件不可多得的好事。教师这个职业不但稳定,而且师范学校每月还有生活费补助,那点儿钱虽然杯水车薪,但对我们这个拮据的家庭来说,却大有帮助。

去报到的车上,看着那么多人都一副欢天喜地的样子,淡淡的苦涩又泛了上来:唉,虽然最不愿意当老师,可上了这样的学校,怕也只能听天由命了。

那年十一假期,我没有回家。一个人在一个月明星稀的夜晚,趴在桌子上给中央人民广播电台的芳草地栏目写信。除了倾诉苦闷之外，我还发出一声呐喊：有人说给我一把钥匙就可以打开希望，今天的我终于拿到了那把钥匙，却发现，这个世界到处都是墙。

那封信不久后真的被中央人民广播电台播出了，我开始收到天南海北的众多听众来信，其中，一个叫慈的残疾朋友和我成了笔友。这么多年过去了，我尚且记得他在信中写下的那句话：作为一个大学生，你因为选择了不喜欢的学校而苦闷彷徨，却从来不会想到，在这个世界另外的角落还有一个人，却因为永远无法再次站起来而羡慕你的今天。

这句话好像一记重拳狠狠擂在我的心上，也就在那一刻，我终于知道垂下头来认真打量自己的生活。师范学校虽然不是我的最爱，可在那些落榜回家务农的同学眼中，这样的学校，是不是也有着梦一样的华美？退一万步说，无论我多么不喜欢现在的学校，可是，已经成为现实的生活，难道就永远在黑暗中匍匐着吗？

我开始试着用书籍来替代那份苦闷，不久之后，我成了本市日报的通讯员，不间断地去日报编辑部送稿子。一次闲聊中，报社年轻的编辑部主任告诉我，他的母校竟然就是我们的学校。

这个事实让我一下子兴奋起来，我第一次意识到，虽然读的是师范专业，但我依然有不做教师的可能。

从此，我更加勤奋起来。两年大学生活，几乎所有业余时间都用来阅读和写作。功夫不负有心人，我的名字开始频繁出现在一些地方报纸上，到大学毕业时，因为那些铅字文章，我去县电视台做了记者。

虽然这份工作距离我的理想仍有一定的差距，但是，总归是靠近了目标。工作之后，我丝毫不敢懈怠，兢兢业业地经营着文字和梦想。这时的理想是如何逃出小城，去更高的天空自由翱翔。

几年过去了，我没有逃出这个小城，却一样有了翱翔的翅膀。当生命进入秋天这个季节，我的命运之树上，也开始有了累累的硕果。

人生好比登山，每一次跃升都是一步台阶。很多时候，那台阶也许并不是我们所喜欢的，但是，作为过客，却无可选择。这样的时候，人们往往有两种选择，一是忧郁彷徨，暗自神伤；一是坦然接受，另辟蹊径。

前者消极避世，人生在他眼中，就是一座大山；而在后者眼中，大山虽然陡峭险峻，可只要翻过去，就是鲜花丛生、芳草遍野。

(琴台)

不要赢了今天输了明天

十年前,我的一位堂弟从医学院毕业,为了多拿薪水,放弃了进省立医院的机会,应聘到一家药企,当医药代表。开始还真的不错,只干了三年,便凭自己的实力在省会城市的较好地段买下了一百多平方米的住房。

然而,花无千日好,最近几年,随着药企之间的竞争不断加剧,特别是各地对药品陆续实施了政府采购后,请客送礼和按处方给医生提成的促销办法越来越行不通了,堂弟的收入急剧下降。堂弟想重新回到本专业,但年龄已不小,医务能力并不比应届毕业生强,哪家医院肯收呢?只好继续在药品销售行业待着。而他的同学,大多已经成为大型医院里的业务骨干,不少同学收入已超过了他。看到同学事业蒸蒸日上,而自己的未来却日渐暗淡,堂弟十分惆怅。

堂弟的经历对每一个初涉社会者来说,都有警示意义,那就是求职须有发展眼光,要将职业选择与人生规划有机结合,力争为自己找到一个业务不断精进、事业越做越红火的舞台,千万不可利令智昏,赢了今天,输了明天。

求职要有发展眼光。当第一个职业机会到来时,首先要考虑的是,它能不能发挥自己的特长。一个人要想事业有成,必须将职业规划与自己的兴趣有机结合,因为,只有从事自己最感兴趣的工作,才会有不竭的奋斗动力。为了几个现钞,硬着头皮做自己不感兴趣的事情,是以长博短,没有愉悦感,更难出成果。所以,选择职业时,务必有清醒的头脑,有长远打算,选择真正适合自己的行业,选择有发展后劲的单位。即使选中的单位名气暂时不响,但是只要有学习机会,单位气氛和谐,有持续发展后劲,对个人的发展也是有利的。即使眼下少拿几个钱,也比那种为了眼前利益而从事自己不热爱的行业者有前途。

如果暂时不能发挥特长,也要尽可能往相关行业靠,立足后,再看看有没有转身的机会。有时候,我们会在千军万马挤独木桥的竞争中败下阵来,这时,不要气馁,不妨打打迂回战,先做做相关工作。假如你是学新闻专业的,你当然希望一毕业就进入新闻单位从事真刀实枪的新闻采编工作,成为一个专业记者或编辑。如果暂时实现不了,你也不要放弃自己的理想,可以先考虑到媒体做点其他工作。比如,先到发行部门或广告部门干干,也许会比直接做记者编辑多吃一些苦头,但是,今天所做的一切,都是为了明天有更好的发展。若干年以后,等你在新闻单位站稳了脚跟,你再显示出自己在新闻采编上的能力,机会就会向你招手了。

有发展的眼光,才能树立自信心。初涉职场者,一般来说都非常缺钱，最容易受外界的诱惑，有发展的眼光，心中对前景抱有自信，才能坚持自己的选择，一步一个脚印地走向成功。开始吃点苦头，少拿点钱，若干年以后回过头来看，会发现这一切都是非常值得的。

（廖仲毛）

胸怀大，痛苦小

　　一位大师身边有一个整天喜欢发牢骚的弟子。一天，大师吩咐弟子去买些盐。待弟子回来后，大师让弟子抓一把盐放在一杯水中，并叫他喝了。大师问道：味道如何？弟子咧着嘴说：苦！大师又让他再抓一把盐投进附近的湖里，等弟子把盐倒进湖里后，大师又让这个弟子再尝尝湖水。弟子尝后，大师问道：现在味道如何？弟子答道：很新鲜！大师接着问道：你尝到咸味了吗？弟子摇摇头。这时大师对弟子说：生命中的痛苦就像一把盐，不多，也不少，我们在生活中遇到的痛苦就这么多，但是，我们体验到的痛苦却取决于我们将它盛放在多大的容器中。因此，当你处于痛苦的时候，应开阔你的胸怀，不要做一只杯子，而要做一个湖泊。

　　其实，生活中再多的痛苦，总会过去的，只是时间长短的问题，关键看你是否拥有大胸怀。

　　有位年轻漂亮的女教师，自身的条件很好，对男朋友挑挑拣拣的，她的父母非常着急，四处托人帮女儿介绍对象，但女教师对相亲不感兴趣。家人又给她安排了一次相亲，她偷梁换柱让她的朋友去了。没想到对方和她的朋友一见钟情，缔结了百年之好。女教师为此郁郁寡欢，怪自己太傻了，把近在咫尺的美满婚姻拒绝了，失去了一生的幸福，这种痛苦淹没了她，其实她应该想道：适合别人的不一定适合自己，自己有自己的幸福。可惜的是，她固执地沿着痛苦的思路往下想，越想越痛苦。

现代人常常觉得活得苦活得累，其中很大的原因是我们常常过多地去咀嚼自己的痛苦，用放大镜看苦恼，顾影自怜，最终难以自拔。尤其时下人们充满发财的梦想，相互攀比。不管多么成功的人，都有比上不足之处。人人都活在相对贫困中，对得失看得太重。

其实，人的一生，得之，不要大喜；失之，切勿大悲，其根本一条是自己能正确地看待得失，时常提醒自己，我们要清楚地知道什么是对自己最重要的，然后主动放弃那些可有可无、不触及生命意义的东西，求得生命中最有价值、最必需、最纯粹的本真，以让自己在失去一些的同时得到比失去的更多。因为生命的全部意义就在于：人，是不能什么都占为己有的，特别是不该占有不属于自己的东西，不懂得放弃，终将自寻烦恼。

法国文学大师雨果说得好：世界上最宽阔的是海洋，比海洋更宽阔的是天空，比天空更宽阔的是人的胸怀。拥有宽阔胸怀的人，才能包容人世间所有的喜怒哀乐、酸甜苦辣，只有放开自己的胸怀，人活一世才会快乐。当你感觉命运对你不公的时候,当你慨叹世态炎凉的时候,当你对生活感觉不尽如人意的时候,当你在工作中感到烦恼不顺的时候,你就要不断地放开自己的胸怀。

(章有娥)

说好你的故事

上午10点，汤普森的求职面试已经进入尾声。这时，面试官问道："汤普森先生，你可以给我讲讲你的故事吗？"汤普森顿时不知所措。因为他的脑子里有数不清的信息供他选择，他一时不知道到底应加工润色哪一个故事。

事实上，很多人都讨厌被问到这个问题，因为将众多信息简化成一个答案是一件很困难的事。但是，面试官就是要问你这个问题，因为他想了解你。所以，你应该学会用讲故事的方法来回答这个问题。

斯坦福商学院的教授奇普·希斯说："我们经历了许多事情，每一件事情当中又有许多细节之处，向不了解你的人描述清楚这些事是一件很困难的事。"的确，每个人都有一个复杂的背景。你需要做的是以某种方式把所有的背景整合在一起，形成一个简单的、令人印象深刻的"图片"，展示给你的谈话对象。

赖安·帕特里基在上高中时专注于美术，但上大学后他意识到自己很喜欢电脑制作，比如《玩具总动员》。大学毕业后，他做了几年图像设计的工作。然后,他跳槽到了一家大公司。在这家大公司工作几个月后,他获得一个机会,成了一个产品经理,从而成功地完成了他的转型。

现在,28岁的帕特里基正在EBSCO出版公司面试。EBSCO出版公司是一个提供参考、订阅和其他信息服务的出版商,在面试中,他说道:"我是一个富有创造性的人,同时我还有多年的产品经理的经验!"他的这种表达方法可以达到这种效果:告诉别人他有两种技能却无须把生活中的每个细节都讲出来。

当你听到这样的总结,你会觉得非常简单明了,因为他说得恰到好处。但是,大多数人并不能如此清楚地看到自己的过去,然后以一两句简短却很有意义的话来做自我介绍。如果你想让别人记住你,你必须找到一句能让别人记住你的话。你不妨试试看,无论谁问你"你是做什么的"或者"你能讲讲你的故事吗",如果你以帕特里基的这种模式来回答,对方的反应肯定不会差到哪里去。

作为帕特里基的面试官,布莱德·凯利先生说道:"他以一种打包的方式告诉我,他正是我们要找的最佳人选,于是我们聘用了他。"今天,帕特里基已是EBSCO出版公司用户界面的设计者。

有时候,你只有一句话的时间来总结自己并将自己介绍给别人。但有时候,面试官有更多的时间给你,这个时候,你就可以讲一个故事。

要想别人记住你,最好的方法就是讲一个故事。当面试官要求

登高望远，思索的分量才重

求职者介绍自己时，大多数人会本能地列一张人生经历的清单：先做这个，然后是这个，然后又是那个……这样说的确很无趣。而故事往往更具吸引力。所以，要习惯用讲故事的方法来介绍自己，而不是列清单。

当然，用讲故事的方法来介绍自己需要练习，需要反复地练习。这样做可以避免出差错。当你确定了你要讲的故事，你就要花一番工夫来润色它，直到你能准确地把它告诉别人，并且做到引人入胜。

以下是奇普·希斯教授提供的三种讲述故事的套路：

1. 挑战性的套路。某人在面试时对面试官说"我是一个很优秀的客户服务工作者"，面试官肯定会觉得这种表达没有说服力。但如果有人这样说："我在一个冰激凌店工作。夏天的时候，排队等候的顾客通常都会有二三十人，所以让顾客耐心而愉快地等下去对我是一个很大的挑战。"听了他的话，面试官就会想象他是一个有挑战精神的客户服务工作者了。

2. 创造性的套路。在这个套路里，故事的转折点在于灵光一现——当一个很好的点子突然在你的脑中蹦出来，一切就改变了。本来你可能会这样说："我是经销教科书的。"但是你现在有了一个好点子，于是你这样说："我想去卖教科书，但我没法让读者喜欢教科书。但是有一天我突然恍然大悟，虽然并非每个人都喜欢课本，但是每个人都有一个自己喜欢的教授。所以，我决定通过教授来吸引我那些潜在的顾客读者。"如果你讲了这样的故事，相信每一个面试官（甚至你未来的老板）都会对你的创造性思维和做法大加赞赏。

  3.整合性的套路。这个套路适合讲述那些与团队一起工作的故事。比如讲述这个故事："我们玩具公司被另一家玩具公司兼并了，双方共同努力创造了一条新的生产线。我说服我们的团队把设计部和加工部整合在一起。那年圣诞节，我们生产的玩具几乎主导了整个玩具市场。"这样的故事会让人觉得你有很好的团队精神。

  只要你懂得讲故事，你就会享受到被人赞赏的那一刻。当有人问你："那么，你是做什么的？"如果你懂得把你那些出彩的经历变成一个精彩的故事，并且能够绘声绘色地讲给别人听，你就能给对方留下一个深刻而持久的印象。

（佩内洛普·特伦克）

心有多大世界就有多大

心是什么？是理想、追求、抱负、胸襟、视野和境界。有一等胸襟者，才能成就一等大业；有大境界者，才能建立丰功伟业。

很多时候，我们去做一件事，常常缺少的不是知识和能力，而是胸襟、视野和境界。

心像针眼一样小的人，做起事来，常常挑三拣四、拈轻怕重、斤斤计较、患得患失，他们整日忙忙碌碌，最终却碌碌无为；心像大海一样宽广的人，尽管有时从事的是最平凡的工作，但他们从来不怨天尤人、自暴自弃，而是任劳任怨、埋头苦干、无私奉献、不计得失，在平凡的岗位上却创造出不平凡的业绩。

知识缺乏，可以去汲取、去丰富；能力低下，可以去训练、去强化。唯有扩大胸襟、拓宽视野、升华境界不是一件容易的事。它需要不断地学习、自省、淬火、修炼和砥砺。做人、做事有了境界，就会成为仁者、智者。既仁又智，当天下无敌。

当心变大时，我们就多了一对眼睛、一双手、一副耳朵。眼望不到的景物，心可以感受到；手够不着的东西，心可以触摸到；耳听不见的声音，心可以聆听到。用心做事，可以明辨是非、洞察秋毫；用心做事，可以匠心独运、巧生于内；用心做事，可以八面来风、生定慧根。世上千事万事，唯有用心做事，才能把事情做大做好、做精做妙。

我们很难成为伟人，但可以拥有伟人一样的胸襟。我们不可能干出惊天动地的大事，但可以用大境界的心态去做平凡的小事。

不要把心放在手掌上、眼皮下，要把心放在高山之巅、大海之上。置心于山巅，就会"山高我为峰""一览众山小"，饱览无数精彩迷人的风景；置心于大海，就会"自信人生二百年，会当水击三千里"，勇立潮头，尽显英雄本色。

心有多大，舞台就有多大；心有多大，世界就有多大。

（杨自芳）

深镌进心灵的目光

一

一个朋友给我讲他的一段经历。

春节前夕，他作为一个打工者挤上了回乡的列车。拥挤的车厢里，他的心也烦乱无比。外出打工近一年，回家时却是身无分文，车票钱都是借来的。想到回家后家人的失望，心便抽搐着疼痛。身前身后都是回家的人，他们脸上洋溢着幸福的笑，想必口袋里也揣着一年的收获。这样想着，他便产生了一个偷窃的念头，有了钱，家里便不会是愁云惨淡，而是团圆过年的欢声笑语。这个念头一起，便像不可扼制的毒草，疯长起来。

已近午夜，在列车单调的鸣响声中，座上的人已歪着头睡去，站着的也蒙蒙眬眬。他迅速锁定了一个目标，并判定那人的口袋鼓鼓，定是装着钱。他不引人注意地挤过去，紧贴着那人站稳，思索着怎样下手。见无人看这边，便把手颤抖着伸向那人的口袋。忽见座位上一个六七岁的小女孩正看着他，那目光清澈见底，透出一种好奇和惊讶。他的手立刻僵在那里，女孩依然看着他，眸子里映着灯光，晶亮无比。一瞬间，那目光，像一根针刺破他膨胀的贪念。他收回手，心里轻松无比，仿佛时光流转，又回到明媚的阳光下。于是他冲女孩微笑，女孩亦甜甜地对他笑。

他说："从那以后，再也不能忘记那小女孩的目光了！每当心里生起黑暗的想法，就像那女孩立刻出现在眼前，那么清澈地看着我，一切便烟消云散了！"

二

家临水上公园，依山傍水。每有闲暇，便去公园里散步，望岭树山云，伴拱桥清流，神飞无限。可时日一久，虽山犹清水犹绿，却在眼中失去了颜色，也失去了那种浸润心灵的魅力。

常常发现一个十五六岁的女孩，也总是在水上公园里驻足，望那一脉山水。我初来时她就已在这里了，那么多的时日过去，她望向四周的目光仍灼灼闪亮，而不是像我般经眼不经心。终于有一天，忍不住心里的好奇，便走到她身边，问："天天看这同样的山水，不厌烦吗？"

女孩转头看了看我，比画了几个手势，见我茫然，便从口袋拿出一个小本子和一支铅笔，飞快地写了几个字给我：我是聋哑人！我接过笔写下同样的疑问，她看后笑了笑，写道："我听不到声音，说不出话，所以特别珍惜能看得见的一切！幸好我还有一双完好的眼睛，让我可以天天看见这些美丽的山水。所以，每一次看的时候，我都觉得特别美！"

顺着她的目光，去看远山近水，忽然便有了全新的体会。那一刻，风景不再游走，时光也不再蒙尘，一切都鲜活如初！从那以后，总会想那个女孩的目光，那样的时刻，再去看身边的一切，都如初遇一般，有着最深的领悟，和最动人的美。

三

那时我还在一个极偏远的山村当老师。学校就在山脚下，每天上课的时候，透过窗子，就能看见山下那一片青青的草地。几只牛羊在其间悠闲吃草，山上的白云飘来飘去，在这远如天涯的地方，有着一种不染尘嚣的静与美。

每天下午上课的时候，村里的刘二便赶着几只羊在草地上放。典型的农家汉子，黑红的脸上印着沧桑风尘。有一天正上课，转头间发现，刘二不知何时已走到窗前，努力地向我和黑板望着，目光中有着一种难言的渴盼和欣然。起初并没在意，可后来他几乎每天如此，心里很是疑惑。若是那些放牛的小孩子如此，我还能理解，可刘二四十多岁的人，又是为了什么？

后来有一次在老校长家吃饭，无意间说起此事。老校长笑道："我年轻教学时，刘二才八九岁的年龄，上不起学，在家放羊，那时他就天天趴着教室的窗户看我讲课。唉，那眼神，我现在都记得！

这么多年了，他一直这样，这孩子的脑袋灵啊，别看他一天学没上过，就这么听，这些年也学了不少东西呢！"

再次见到刘二在窗前，更为他的目光所打动，是的，那是一种能让我感动甚至震动的晶莹。即便多年以后，我早已在那个山村的几千里之外，在繁华的都市中与太多的人相逢相遇，却再也没能见过那样的目光。如此执着，又是如此明净，如遥远的山村夜空里最亮的星星。

（包利民）

行动是最好的机遇

1994年,为了让孩子受到最好的教育,她们一家三口来到了北京,丈夫开出租车,她摆摊修鞋,想不到时间不长,丈夫就因为车祸去世。带着孩子回老家,经济压力会减轻不少,但为了孩子的前途,她还是咬着牙留了下来,仅凭着修鞋挣来的微薄收入支撑着这个家。

后来她听人说天安门和故宫一带人流量大,修鞋的生意比较好,她便辗转来到了那里,收入的确比以前好,但相对于高额的房租和物价,母子二人的生活依然捉襟见肘,她无时无刻不在寻找机会改变自己的命运。

2002年的一天,一位在故宫做讲解员的女子到她的鞋摊上修鞋,在闲聊中那人告诉她,干这一行没有学历限制,只要对故宫熟悉,并且掌握一门小语种就行。女子无意中的一句话,让她看到了光明的前程。

自己的修鞋摊在故宫旁边摆了将近十年,每天耳濡目染的都是故宫的故事,只要再掌握一门外语,那故宫解说员的工作不就唾手可得了吗？

当年12月，北京应用技术大学开了一个葡语培训班，学费虽说只有1800元，但对她来说也是个天文数字，最后她狠下心报了名。然而，由于她的基础太差，讲课如同听天书。为了强化记忆，她一咬牙，花了80元钱买了一个MP3，上课时录下老师的讲课内容，利用白天修鞋的空闲反复听。后来，她还专门制作了一个牌子，用葡萄牙语写着：免费修鞋和问路。通过这种方法制造与老外交流的机会。她的故事感动了一个在外企做高管的名叫保利诺的巴西青年，有空就来指导她。

2005年春节前，她应聘做7天的讲解员。可进了故宫就找不到东南西北了，而且，那些耳熟能详的故事，真正用葡语翻译起来，常常是张口结舌。聘用方只好将她劝回了。没想到，三年废寝忘食地学习，连一次讲解也不能完成！她忍不住哭起来，痛定思痛，她找来《故宫导引》等资料，请保利诺把这些资料翻译成葡萄牙语。从此，每天一睁开眼她就开始背，给儿子做早餐时背，去摆摊的路上背，修鞋时背，吃饭时背，就连上厕所、晚上洗澡的时间也在背，直到将那两大本解说词背得滚瓜烂熟。接着，她还去熟悉故宫，她前后共去了8次故宫，故宫里任何一个不起眼的角落都留下了她的足迹。

2006年6月，她信心满满地参加了一家旅行社的故宫博物院讲解员的资格考试，结果顺利通过。现在的她早已不是那个凄惶的修鞋女了，而是一个每天操着流利的西班牙语徜徉在故宫里的白领。现在她已经在北京按揭了一套60多平方米的两居室，儿子也于这年夏天以优异的成绩考上了巴西利亚大学计算机专业。

  2010年10月1日，葡萄牙政党的重要领袖德·布拉干萨来中国进行友好访问，访问期间欲参观故宫。在经过严格考核后，她成了德·布拉干萨的讲解员。

  她叫朱桂栀，谈起自己成功的转身，她说："人生永远没有不可逾越的绝境，拥有的，只是无数种希望。不要去刻意寻找什么机遇，因为行动，就是最好的机遇。"

（焦淳朴）

把世界变成我们的

这个八月，天气固然很热，但比天气更热的是"谢谢和菜菜为爱走天涯"的微博，其中的一段博文"最美的人生，是勇敢地为自己站出来，把世界变成我们的"更是炙手可热，一转再转，数量早已突破80000大关。

谢谢和菜菜本天各一方，2009年，谢谢规划已久的318国道川藏线之旅终于成行。正是在这次旅途中，这两个陌生的有着共同兴趣爱好的男生女生开始了背包并肩，并迅速擦出了爱的火花。

因为他们背包远行的经验都不足，所以不打算走太大的圈子，原计划从西藏出发，在尼泊尔和巴基斯坦转一圈就回来。可没想到一上路，沿途五彩的风景和缤纷的异域风土人情一下子就让他们着了迷，一路向前，没有丝毫退意。就这样，中国西藏、尼泊尔、印度、斯里兰卡……最后到达埃及。把中国的西藏算在内，他们一口气走了18个国家和地区，行程6万公里，历时10个月。

尽管路程远、时间长、国家和地区多，但谢谢和菜菜却只花了4万元。原来，他们一路上都是住多人间的床位，两个城市间尽量坐夜班车。从伊朗的德黑兰开始，经过黎巴嫩、叙利亚、约旦、以色列、巴勒斯坦这些国家，他们没有花钱在外面餐馆吃过一顿饭，除了去当地人家蹭饭外，基本上都是自己去菜市场买菜做饭，在省钱的同时，还可以最大限度地体验生活。为了省钱，他们能走路就不乘车，能乘火车就不乘飞机，机场的长凳、车站的候车室还有大使馆门廊，能凑合躺一宿他们就不住宾馆。最厉害的是在物价堪比欧洲的以色列，除掉进出以色列的路费，他们在耶路撒冷旅行了5天，只用了7美元。

困难不只是在经济上，还有在语言交流上。谢谢是一个十足的英语哑巴，与外国人沟通的活儿就全交给了曾是外企职员的菜菜。可事不凑巧，行至尼泊尔时，菜菜申请的学校开学，她便飞去了美国学习。这样，孤身一人行走在尼泊尔雪山间的谢谢不得不自力更生。开始时，他只能靠手语和一个个英文单词与别人沟通，直到他碰到了一对同样徒步的法国夫妇。他们与谢谢结伴而行，同吃同住的日子里他们教他如何把那些英文单词连成一个个句子。尽管中间语法错误无数，但从那之后，谢谢消除了开口说英语的恐惧，英语表达渐趋流利。

一路走过，谢谢说他最大的收获是看到了自己内心的真正需求。远离城市的物质和名利诱惑，他发现在自然面前，以前觉得很重要的东西都变得微不足道，比如职场的利益得失。经历了这番跨国行走，他说自己对人更加平和，对事更加宽容。

经过这次旅行，他们希望自己的游历可以告诉大家，走出国门看世界并不难，从而鼓励更多的中国年轻人加入看世界的行列中。正如那句名言："你所需做的就是决定出发，一旦决定，那么最困难的部分便已过去。所以，马上行动吧！"

马上行动，多好的回答啊。不然的话，没有行动，就会虚拟出诸多困难，树立起一个个假想敌，无中生有，无限放大。如此，还没出门，脚下早已先软了。勇敢地为自己扬帆远航，马上行动，那世界就是我们的。

（胡征和）

幸福是青春的味道

十七岁,我经历的是旁人看来不算美好的青春,年少轻狂,笑闹人间,家里人对我担心不已。可我不后悔,青春应该什么样,应该怎么过,不会因为环境不同就会被压抑下来。相反,它会像囚笼里的猛兽,对外界蠢蠢欲动,十六七岁的青春,总该是放肆、张狂的!

我爱青春,青春里的一切都可以当成一种美好来解读。啊,燕姿歇斯底里地唱着"幸福,我要的幸福,简单清楚",可是时间久远,你还记得当初自己想要的幸福吗?

小时候,对黑暗充满了恐惧,有妈妈陪便觉得幸福;再大些,有人给我一把缤纷的糖果,就觉得幸福;再大些,觉得有足够的休息时间是幸福。如今,房间里总是彻夜通明,拉开抽屉能随手拿出大把大把的糖,满嘴的甜蜜却怎么也到不了心里。

起初对什么都抱有极大的热情,视野里会突然出现焦点,便将整颗心放在上面,你不能因此而说我是个不适合读书的人吧。相反的,爱玩爱野,同样爱学习,我只是注重了生活中的每个小插曲、小时光，或荒唐，或感动，或微乎其微。但这也是一种生活，生活就是一场又一场美好事物的追逐。

时光倒退两年，定格在毕业照上，所有人的脸上都不复青涩，我没有低眉顺眼，也没有嚣张跋扈，只是那么平静地看着镜头。现在看，真后悔那时候没有在每张照片上印上放肆的笑。

对于十七岁的到来，越来越抵触。身在学校，却觉得自己像早早踏进了社会，心力交瘁。十七岁我就要跨进大学之门，结束十年寒窗，匆匆忙忙地奔赴另一个战场，深谙那将会是更艰辛的路，而且我不能回头。

十月天，体味幸福得过了头，心里满是淡淡的不安。

（丁青）

心有主

宋元之际的学者许衡,曾在一个大热天里路过河阳,口渴至极,路边有一棵梨树,过路的都争着摘梨吃,只有许衡一个人端坐在树下,安然自若。有人问他:"为什么不吃个梨解解渴?"许衡说:"不是自己种的梨树,随意摘取是不对的。"那人又说:"世道这样乱,梨树是没有主人的。"许衡说:"梨树没有主儿,我的心难道也没有主儿吗?"

好一个"梨无主,心有主"。这种"心有主"便是其内心存在着一种良好的道德准绳,并以这种良好的道德准绳来规范自己的社会行为,使自己正道直行,问心无愧,使自己的人格走向一种真善美的境界。东汉杨震迁调荆州刺史道经昌邑,正是荐举茂才之时,昌邑令王密晚上带黄金十斤相赠,杨震坚辞不收,这便是杨震的"心有主";公孙仪做鲁国的宰相,有人送鱼给他,他坚持不受。他担忧受人之鱼将枉于法,枉于法将负于相,这便是公孙仪的"心有主"。"心有主"才不会为势利所动,"心有主"才不会见利忘义、见钱眼开、见权眼红。方志敏烈士"居高官而纤尘不染,理万财而分文不取"，因为"心有主"而清贫自守，青史留名；焦裕禄、孔繁森"心中装着全体人民"，因为"心有主"才"俯首甘为孺子牛"，鞠躬尽瘁，死而后已，永受人民的追忆与崇敬；还有"给水团长"李国安、"爱民市长"李润五等，因为"心有主"而无私奉献，富不淫，贫不移，威不屈，成为世人景仰的楷模。

"梨无主，心有主"，这个"主"放到现实中来，便是国家与人民的利益高于一切，全心全意地为人民服务的高尚信念、至真追求，便是一种老老实实清清白白做人，不愧天地父母、不愧自己良心灵魂的生活准则道德行为。时时刻刻，我们都要扪心自问：心有主吗？

（张克言）

人生中最宝贵的是什么

有位大学毕业不久的青年晓海，在深圳一家外贸公司做业务员，怎么形容他的拼命呢？在他租住的居室里，到处是方便面袋子。他说除了应酬，要么，吃快餐，要么吃方便面。因为天天跑工厂下单子，和客商谈判。时间是以分计算的。他又在老家开了一家批发店，每周还需进货，实在太忙了。深圳房价贵，晓海的目标无非要拼下一套房，然后与女朋友体面地结婚。

得到晓海噩耗是在去年秋天，他得了直肠癌，因为工作太忙，错过了最佳的治疗时间。朋友去看望他，坐在他身边，不知该如何开口。

晓海却长长地叹了一口气，说："看来是老天让我休息。"朋友说："是啊，你平时太忙了，病了，倒是应该好好休息一下了。"

话刚出口，朋友觉得不妥。晓海说："我赚了不少钱，才发现这不是快乐。现在总是想起以前我们在一起读书、打球，违反校规去逛街、看电影的日子，那些日子真是快乐。"

白岩松说过这样一段话：一个从小就接受争先教育的孩子，长大之后是可怕的，他的成长过程不仅失去了欢笑，而且他在步入社会后，假如成为领导，他会不考虑员工自身感受，把员工看成是一种简单劳动力来使用；如果是一个普通人，那么他就会苛求自己，让自己在所谓的奋斗中穷其一生，至死也不明白，他到这个世上是干什么来的，他笑过了没有，他有没有享受过快乐。

于娟，32岁，祖籍山东济宁。本科就读于上海交大，在复旦大学获得博士学位，后赴挪威深造，回国后任职于复旦大学社会发展与公共政策学院。这位海归博士，曾经试图用三年半时间，同时搞定一个挪威硕士学位和一个复旦博士学位。然而博士毕竟不是硕士，她拼命努力，最终没有完成给自己设定的目标，恼怒得要死。

2009年12月，于娟被确诊患乳腺癌，4个月后病逝，临死前她在博客中发出感慨："在生死临界点的时候，你会发现，任何的加班、给自己太多的压力、买房买车的需求，这些都是浮云。如果有时间，好好陪陪你的孩子，把买车的钱给父母亲买双鞋子，不要拼命去换什么大房子，和相爱的人在一起，蜗居也温暖。"

西方流传着一个故事：三个商人死后见上帝时，讨论他们在尘世中的功绩。一个商人说："尽管我经营的生意接近于倒闭，但我和我的家人并不在意，我们生活得非常快乐。"上帝给他打了50分。

第二个商人说："我很少有时间和家人待在一起，我只关心我的生意。你看，我死之前，是一个亿万富翁。"上帝也给他打了50分。

这时，第三个商人开口了："我在尘世时，虽然每天忙着赚钱，

登高望远，
思索的分量才重

但我同时也尽力照顾我的家人，朋友们和我很谈得来，我们经常在钓鱼或打高尔夫球时，就谈成了一笔生意。活着的时候，人生多么有意思啊！"上帝听完，给他打了100分。

有位哲人说过：爬山的时候，别忘了欣赏周围的风景，假如工作的目的是为了挣钱，挣钱的目的是为了投资，投资的目的是为了挣到更多的钱，你就会在爬山的路上只顾低头爬山，完全忘记生活的目的了。对于生命来说，到底什么是最重要的？或许只有当你垂暮了，快要告别人世了，你心如和风，回忆一生，才知道什么是你人生中最宝贵的东西。

（章睿齐）

烛光隧道

夜色初降,云南省昆明火车南站的地下通道里,一片黑寂。一个身材矮小的中年男子来到通道处,提着电筒,俯身点上一根根蜡烛。自从这个身影出现后,隧道便成了一条烛光隧道。为防止蜡烛被风吹灭,他还在外围覆盖上一层特制的灯罩。

在他来到之前,因为城市改造,隧道已经漆黑了半年。这100米长的隧道,因黑暗而显得格外悠长。因为一次偶然路过,他看到行人摸黑通行的不方便,从此便自掏腰包,买来蜡烛。每天晚上,他都会风雨无阻地出现在这里,每隔二三十米就点上一根蜡烛。因为蜡烛燃烧时间短暂,他计算好时间,调好闹钟,三个小时后又到这里更换。这一做,就是一年。

他叫卢政祥,贵州人,来昆明打工已有些日子。全家三口人,仅靠他手工剪字维持生计,每月收入不到2000元。

他做的事情并不伟大,仅是用烛光照亮了隧道。但正是这些光亮,在照亮了隧道的同时,也点燃了大家心中的善。在这里,一根蜡烛的光芒,足以温暖一座城。

(罗强)

请给你的对手留一扇窗

他的第一位对手是一位老货郎。那时候,他只有15岁。他与老货郎一起挑着货郎担子,摇着拨浪鼓,走村串巷做生意。

一次,他中了暑,一头栽倒在地上。等他醒来的时候,老货郎正在用毛巾为他擦拭身子。他感激地问,你为什么要放下自己的生意来照顾我?老货郎憨厚地笑了笑,对他说,为了让你继续跟我竞争啊!他不解地看着老货郎,问,为什么?我可是你的对手呀!老货郎说,正是因为你是我的对手,所以我才要救你!他不甚懂。但是,他记住了老货郎这句话。

他的第二位对手是一位卖服装的生意人。他抓住时机,在集贸市场办了一个服装批发门市。他是独门生意,利润空间大。有时候,一天能挣到一两万元。可是不久,相邻的一家商店也转为卖服装。他的一些客户被邻居抢了去。于是,两家便开始打价格战。利润一降再降。最后,邻居为了抢生意,竟然做了许多赔本的买卖。终于,邻居支撑不住,要关门大吉。这时候,他找上了门,送去了10万元的流动资金。邻居很诧异,问,你为什么要帮我?他说,因为你是我对手呀。邻居感激得热泪盈眶。自此，两家上货开始注重差异性，相互补充。由于货物全，客人越来越多，生意也越来越好。他与邻居取得了双赢。

他的第三个对手是一群人。随着世界饮料市场的不断开拓，吸管开始成为人们生活中不可或缺的饮食工具。他看准了这个商机，开始制作吸管。人们不以为然。因为吸管太小，利润太低，每支吸管只能赚到7厘钱。可是，他说，不怕钱小，就怕钱少。小沙粒多了，也能堆成沙丘！五年过去了，他的吸管厂已经从家庭作坊发展成为规模企业，年收入在100万元以上。

由于吸管投资小，技术含量低，几乎家家都可以加工制作。于是，义乌的乡村一夜之间竟然冒出了40余家吸管厂，比原来扩大了30倍。

吸管虽然有一定的市场空间，但是，因为物件小，利润低，厂家主要靠数量赚钱。而现在，义乌家家造吸管，产品多而杂。这种无序竞争肯定要出问题。妻子劝他说，咱们的钱也赚得差不多了，赶快转产吧。否则，不破产也一定会亏损。他却不，他说，咱们是义乌最大最早的吸管厂，如果咱们转产了，那么.义乌整个吸管产业就会垮掉。他不仅不转产，而且还注册了自己的吸管商标，打造出了知名品牌。

1997年，亚洲金融危机爆发。义乌的吸管产品卖不出去。

他采取了两种措施，很快就帮助对手度过了危机。一是对于弱小的企业采取收购或者加盟的方式，加入他的吸管集团，实现了利益共享，风险共担；二是拿出了自己所有的积蓄，免息借给几家较大的吸管企业，帮助他们渡过难关。妻子说他疯了，哪有这样帮自己对手的呀！不光是妻子，就连那几家受到帮助的吸管企业老板也不相信这是真的。可是，当他们从他的手中接过那张货真价实的支票的时候，禁不住流下了感激的泪水。

　　他没有疯，更没有傻。他的这些措施很快就产生了巨大效果。收购和加盟壮大了自己的企业，把自己的品牌打造成了世界著名的吸管品牌。同时，帮助扶持对手，培育了义乌吸管产业，使义乌成为世界著名的吸管产业聚集区。

　　请给你的对手留一扇窗。因为，有竞争才有人气，有人气才有生意，有生意才有钱赚！这就是世界吸管大王楼仲平的成功秘诀！

（田野）

寻找生命的坐标

被称为"活化石"的腔棘鱼是世界上最古老的鱼类之一,它们喜欢幽静害怕喧闹,常年生活在一万米深的海底。

是不是这些腔棘鱼真的喜欢极其寒冷和黑暗的深海呢?当然不是。为了种族的进化和繁衍,更是为了后代的生存,腔棘鱼必须逼迫自己来适应让人意想不到的恶劣环境。

万米深的海底,是什么样的世界呢?这里,压强之大,即使是钢铁也会被压得粉碎;光线之暗,百米深的地方光线只有地表的百分之一。那么,为什么腔棘鱼却能够在万米深的海底生存呢?

这跟腔棘鱼的求生之旅有着极大的关系。

开始时,腔棘鱼每天坚持往下潜一点,只要遇到威胁,它们就轻巧地躲藏到隐蔽的地方。待危险过后,腔棘鱼又重新出来,继续它们的求生之路。在往下潜沉的旅途中,有的腔棘鱼因无法适应恶劣环境而被其他鱼类侵蚀,有的则因返回水面或是爬上陆地而被人类捕杀。

浅水区域或水面甚至是陆地,对腔棘鱼来说是它们的温床,但却险象环生。

在它们祖先那辈，腔棘鱼凭着自身强壮的鳍在陆地上生活过游荡过。可惜的是，腔棘鱼却遭受到原始人类的捕捉，就是其他动物也会前来捕食。为了活命，这些腔棘鱼不得不离开陆地返回水里。而在浅水区，一些鸟类以及一些大型鱼类也是腔棘鱼的天敌，对它们的生命造成了极大的威胁。

求生之旅，让腔棘鱼又不得不放弃温暖而美丽的浅水区。

被淘汰剩下的腔棘鱼具备了非常顽强的生命力，它们每天不定时地往海底潜沉一点，再潜沉一点。日复一日，年复一年，腔棘鱼终于战胜了谁都无法想象的恶劣的深海环境。日复一日，年复一年，它们终于找到适合自己存活的空间。

抱着梦想，腔棘鱼冲破了恶劣环境，找到了属于自己的生命坐标。而作为万物之灵的人类，我们能找到自己的生命坐标吗？

（刘天毅）

登高望远，
思索的分量才重

生命与读书

同学们好：

　　读书不是因为我要做个有知识的人我才读书，或者为了让人觉得我很有修养我读书；或者说一定场合我可以卖弄我读书。在我看来，读书应该是生命的一种需要，我们来到这个世界上就有这个需要。生命与读书，这个就是我今天要讲的问题。

　　青年人不看书我很着急，不是说你们不看书，知识就有缺陷，出去会被人瞧不起。让我着急的是不看书就把人类几千年积累的文明抛弃了。我自己曾经也有过很低谷的时候，我之所以没有悲观泄气和被命运击倒，我不是相信自己有多高，而是相信人类，是因为人类过去那么长的时间毕竟还留下那么多伟大的东西，这些是人类伟大和不朽的见证，我作为这个伟大的种类的一分子，我应该对得起这个伟大。生命只有一次，人要活得对得起自己，这个我们今天谁都会讲。但对得起自己不是给自己买好衣服，让自己过锦衣玉食的生活。等到我们眼睛一闭，所有的物质的东西就没意义。比如说你现在到癌症病人的病房给临终的人说，我给你1000万，没有任何的意义，对他来说要紧的是生命。当然生命对任何人来说都是有限的，但是关键在于我们如何能在离开这个世界时对自己说，这个生命我没有白活，这个生命很有意义，我不是像猪一样吃过了玩过了。有各种事情可以来享受生命、体验生命、扩张生命、完善生命，至于少数伟大的人物能让自己的生命不朽，这个我们每个人也都能一试和值得做。这就是我理解的自我完善。

　　第二个问题看哪些书？有很多同学说，老师你不了解我们，我们一直在看书，从没闲过。问题是看哪些书。我看我们的同学看消磨时间的书很多，不用动脑的书很多，而对于一向认为是经典的书，看得很少。为什么？因为大家觉得经典的书难读，经典的书和我们没关系。这些是非常错误的。经典之所以是经典，不是哪个人封的，要经过千百年的考验。现在有些人掌握了所谓的话语权，就说这个是经典，那个是经典。你让他去说，他说了就算？我最近就遇到了一件很痛心的事。我很尊敬的一位德国文学老专家和上海某高校的青年新锐，不约而同地主张把《歌德对话录》从中学生必读书目中去掉，说已过时了。但经典之所以被称为经典，就因为它是超时代的。歌德在那本书里讲的恰恰是我们今天人类面临的问题，说人类堕落了，我们现在正在葬送几千年的文明。看看我们今天的情况，不能不佩服歌德深刻的洞察力。这就是经典。恩格斯说歌德是奥林匹斯山上的宙斯，这样伟大的人几千年就出了这么一个，而我们现在却说这个不要给年轻人看了。这不太说明问题了吗？

我们要做最好的事情，看书也要看最好的书。现在图一时爽快就看一些无益于身心的书，或看用来消磨一生只有一次的生命的书，你说你值不值？我觉得一个人得有个基本的知识面，不要到时候你的孩子问你曹禺是谁不知道，鲁迅的《野草》什么意思不知道。除了经典，文史哲的书都要看，有好处。我自己就是个受益者。人类文明不仅是在哪一科上，比如文学，所有学科的成果都是宝藏，都是值得我们去探究的金库。所以我觉得除了经典之外，一般文史哲的书也应该去看，这个可以开阔自己的眼界和对这个世界的认识，花这个工夫是值得的。

我觉得现在的人们心灵比较粗糙。大家在读书的时候应该提高语言能力，提高语言能力就是提高心灵和感觉能力。读诗能培养细腻的感情，有了细腻的感情才能更宽容，更能理解和体谅别人。还有就是要为提高修养而看书。

我总觉得我们对文学作品尤其是诗歌要有一定的感情。诗这个东西非常怪，它一方面是人的主观感情和思想的优美表达，它又有跃出这个东西的超越层面的体现，你可以从超一流的诗歌中看出宇宙的精神。在我看来读诗是件很优美的事情。读诗不一定要很多时间，你每天读一两首，慢慢体会，不要读一遍就算了，坚持数年，人的气质会改变。大家在读书的时候应该提高语言能力，提高语言能力就是提高心灵和感觉能力。读诗不仅培养我们的语言能力，更主要的是培养细腻的感情，有了细腻的感情才能更宽容，更能理解和体谅别人，这在日益商业化的社会里非常非常重要。

　　第三个问题怎样看书？经常有同学对我说，我们也知道哲学是好东西，我们也想看哲学，但不知道看什么书；有时候我们随便去找一些书看，实在看不下去，太难了；老师你说要看经典，什么是经典，康德是经典但太难了。由于太难，就造成逆反心理，以后哲学一概不碰，反正看不懂。有的时候，有些书要采取循序渐进的方法，一点点去读，慢慢会读懂。但是还有一些书不是这样，这些书你十年以后看还是那么难。我们中国人有个不好的习惯，看不懂不说自己不行，而是怪写书的人为什么要写这么难的书。多少人就葬送在这种自大的愚蠢当中。爱因斯坦的相对论发表时，全世界只有六个人看得懂。如果当时世界就排斥这个东西，说大家都看不懂，你这个东西没有价值，那真是人类文明的莫大损失。我承认现在有很多东西写得既枯燥、难懂又言之无物，这样的东西不必去看。但也有些好书，它不得不写得这么艰深，比如尼采和海德格尔的那些书，他们不是故意要写成这么难，用孟子的话讲：余岂好辩哉？余不得已也！这些书就要你们迁就它。人不可能所有的书都看得懂。要是有人说世界上没有他看不懂的书，不要信他的话，不可能。看不懂不要紧，这是正常的过程。但如果你看不懂的书不看，那你永远也没有进步。

　　读书分精读和泛读两种，泛读的书读过一遍拉倒。特别好的书、特别重要的书我认为要做笔记，不做笔记，你可能就像从来没看过。

我在北大讲学，看到他们在编汤用彤先生的全集。汤用彤在哈佛大学做本科生时的笔记、作业现在都保留着。当时没有民航航班，从美国坐几个月的船回来，那个时候的练习本是很厚的，一本都没有扔掉。我们不能书看过就算了，不做笔记，这样时间一长你什么也没留下。

第四，就是孟子讲的尽信书不如无书。看书不能做书呆子，不能看啥信啥，要有一点怀疑的精神和批判的态度。虽然我们不能随便怀疑和批判，但总要多个心眼。看书要有保留，包括对名著，也可以保留一点看法，但是不要轻易下结论，动辄认为别人不对。为什么？下了结论就会陷入结论里，所以看书既要有批判又要有理解的同情精神。不要一开始不喜欢这个人就把他打倒。我们现在的传媒良莠不齐，要特别注意，往往把一本不怎么样的书炒得很高，而真正有价值的书却默默无闻，不为人知。要自己保持清醒的头脑，相信自己的理性，相信自己能够找到其中的道理。

（张汝伦）

速成难成

说到速成，人们最直接的感受应该是从饲料禽蛋肉开始的。和自然状态下生长的东西相比，这些速成品当然有它的优势。一是周期短，二是产量高，三是价格低。有优势自然就有劣势，大凡有些讲究的人越来越觉得这样的食物味同嚼蜡。

这现象真是耐人寻味。可细一琢磨，也就能明白，自然规律是我们都要遵从的。所谓"顺之者昌，逆之者亡"，从这里是不是也能得到点滴启示？违背自然规律，一厢情愿地拔苗助长，结果可能适得其反。吃的东西出现这样的问题可能一时无法改变，因为我们贪吃，可一旦人们的思维形成这样的定势，那会出现怎样的结果？

速成真成了社会生活的普遍现象。是社会进步必然产生这样的现象，还是人们急功近利的心态使然？我倒是觉得，是社会价值判断标准这双大手在无形中推波助澜，致使一些人不再遵从事物发展的客观规律，急于以最小的代价、在最短的时间获取最大的利益，甚至于不劳而获。这种追求效益最大化的理念当然没有错，错的不过是人们只想收获，而不肯付出。

登高望远，思索的分量才重

人的社会价值到底如何评判？是以眼前效应称英雄，还是以历史价值论成败？似乎很难结论，但唯有时间是一把公正的尺子，它会帮助人们量长短度曲直。纵览中华民族灿烂的历史文化，祖先留给我们的遗产，除了类似都江堰、赵州桥这些历经世事变迁却千秋屹立，至今依然造福后人的有形资产外，还有一笔更为宝贵的精神财富，这就是：求真务实的科学态度、精益求精的工作作风、重名轻利的价值追求。古往今来，无论是著书立说，还是筑路建厦，无论是耕耘劳作，还是发明创造，是需要静心、专心、恒心予以对待的。成功的道路没有捷径，投机取巧、心浮气躁、急功近利也许能成就一时，却难以成就一世，这是被世人所认定的最通俗的定律。违背这一定律，收获的"果"就会是畸形。只可惜在现实生活中，这样的定律在某些人那里错位了，甚至缺失了。

合乎规律的速成是进步，否则就是懒惰、就是投机取巧、就是不负责任；对历史高度负责，这是一种人生态度；依照事物发展的普遍规律踏实做人、扎实做事，这是一种道德标准；为事业而耐得住寂寞、经得住诱惑、守得住清贫，这是一种思想境界。

（王涛）

幸运由心而生

朋友林先生是跑商务的,在五一黄金周期间碰见了一位贵人。当时出差厦门,在街头拦"的士"的时候,他发现情况不妙,近20分钟里,出租车泥鳅般一辆辆从身边溜过,却没有一辆空车为他停下来,而他必须在14点之前赶赴某酒店咖啡厅与客人商谈一个重要合作项目,第一次见面怎么可以迟到!他心急如焚。

这时终于有一辆空车翩然而至,说时迟那时快,已经有一个先生冲到了后车门口,朋友林先生则几乎是在同一时间把持了前车门,两人对峙瞬间,完全可以捷足先登的朋友看对方也满头大汗急不可耐,便说:"我有急事。如果你比我更急,那你先上吧。"态度这样谦好,对方即刻也让步了:"哦,是的,我有个约会,不过,你要去哪里,看看是否顺路?"我朋友说某大厦,他果断而惊喜地邀请:"上车吧,同路!"当他们同时下车的时候,两个人都争着付钱,最后是我朋友付了。两个人愉快地道别5分钟后,居然同时又"不期而遇"在咖啡厅,一问,才知道两个人正是双方谈判的代表……因为有了之前那段乘车的插曲,对方很客气也很信任我朋友,大笔一挥相当干脆地签了一单生意，给足我朋友面子，他最后握着我朋友的手说："同样那么紧急，你可以先让我上车，我很感动，我必须礼尚往来！"

这件事情对我朋友触动很大。他说，日常生活里，在你觉得运气不好的时候，仍然要相信有更好的运气随后就到，这样心态就会平稳、态度就会温和，也不轻易否定某件事、轻慢任何一个人，而这些事这些人都可能隐含或者携带某种"好运气"。所以，时时记得对自己说，我是幸运的，诚恳做事、宽厚待人，回报给你的往往真的就是"好人"与"好运"。

IT界英雄王志东先生一直认为自己很幸运，事业家庭都很幸福。实际上，十多年的创业路上，王志东起伏跌宕，历经艰辛，得到的不见得比别人多，但王志东看起来要比别人幸福。因为他懂得生活的第一智慧：感恩，对自己说"我很幸运"！

"幸运"是一种有形或者无形资产，需要你以宽广博大的心去拥有。我家门口不远处有一排高大的玉兰树，除了冬天，一年三季都可以闻到她们高洁的清香，我不知道为什么我可以有这样的福气，春天的玉兰花带着雨季的缠绵，那香有些奢靡；夏天的香，在夜风袭来的时候，带着些许的清凉，沁入心扉；秋天的玉兰香，则淡雅飘逸，若即若离。

是的，幸运如同那一排芳菲的玉兰，仿佛与你无关，但是，用心领略你就拥有了它。幸运就是一种心灵礼物，一切由心。

（罗西）

用人格之得，补名利之类

常言道：不如意事常八九。人生在世，谁都难免会有失意的时候。而失意的时候也是一个人最容易失去人格的时候。有许多人就是在失意的时候乱了方寸，把持不住自己，因而失去了人格，落得个"赔了夫人又折兵"的下场。如有的人仕途失意，觉得自己应该被提拔而没有被提拔，就牢骚满腹，情绪消沉，拿工作出气，甚至与领导明顶暗抗；有的人评职失意，觉得自己应该晋升职称而没有晋升，就指责评委不公平，甚至骂骂咧咧，出言不逊；有的人调岗失意，自己盼望已久的职位被别人捷足先登，就视对方为仇敌，极尽挖苦讽刺排挤之能事，甚至望风捕影地予以造谣中伤。应该说，这种种失意之后又失人格的做法，是最愚蠢的做法。这样做的结果，只能是把自己置于与上司、同事为敌的境地，自己断了自己的后路。因此，所有的人都应把人格的得失放在首位，在失意的时候保持一种冷静而超脱的心态，做到失意不失人格，并力求以人格之得补名利之失。

要防止在失意的时候失去人格，依笔者愚见，应做到以下几点：

想得开一点。首要的是要淡泊名利，不对提拔、评职、调岗抱有过高的期望值。对名利看得越重，期望值越高，越容易失意，越容易对失意接受不了。只有淡泊名利，凡事不抱过高的期望值，才能没有大的失意，才能在失意之后做到坦然相对。当然，淡泊名利并不是消极处世，不要进取。古人云："非淡泊无以明志，非宁静无以致远。"实际上，淡泊名利和进取不仅不是对立的，而且是相辅相成的。追名逐利的进取，只会令人患得患失，甚至不择手段。这种进取不但永远无法达到人生处世的最高境界，而且往往会使人走入迷途，终无所成。只有淡泊名利的进取才能轻装直进，才有希望到达理想的彼岸。其次，不要自己和自己过不去。有些人把自己的面子看得太重，把别人判断是非的能力看得太低，一失意就觉得别人会瞧不起自己。实际上不是这么回事。一个人能不能被别人瞧得起，关键并不在于是不是得到了提拔，晋升了职称，谋到了好的岗位，而是在于其德行、水平和能力如何。一个人品德高尚，学术水平高，工作能力强，应该提拔而没有被提拔，应该晋升职称而没有晋升，应该调到重要的岗位而没有调到，只会得到他人的同情，并不会为他人所耻笑。即使一个人因业务水平和工作能力达不到要求而没有被提拔和重用，只要这个人的品德不坏，除了一些趋炎附势的人之外，也不会被人瞧不起。相反，一个人如果德行低下不学无术，工作能力差，虽然通过各种办法得到了提拔、晋升了职称，谋到了好的工作岗位，也不会得到他人的钦佩，而只会得到他人的鄙视。因此，那种失意之后就自惭形秽的人，实际上不是别人瞧不起自己，而是自己瞧不起自己，自己和自己过不去。只要自己想得开一点，摆脱自己为自己带上的枷锁，就会发现天空还是那么蓝，道路还是那么宽，就不会说出有失人格的话，做出有失人格的事。

看得远一点。人生如行路，如行走一条漫长的路。这条路不仅有众多的歧途，而且充满着荆棘与坎坷，只有看得远一点，才能看清正路和歧途，才能躲过荆棘与坎坷，顺利地到达目的地。失意即是人生道路上的一种坎坷。如果能够放开眼量，看清脚下，走得稳当，那么这种坎坷就会变成走向成功的一块铺路石；如果目光被这种坎坷所挡住，那么这种坎坷就会成为一种不可逾越的屏障；如果闭着眼睛瞎走，那么这种坎坷就会变成人生之路上的一块绊脚石，将自己绊得人仰马翻。现实生活中就是这样，有的人目光远大，失意的时候不怨天尤人，不消沉萎靡，看准了路大步朝前走，一次接一次地冲刺，终于有所成就；有的人目光短浅，一旦失意便终为所困，本来一抬脚就可以迈过去的坎却怎么也迈不过去；有的人失意之后就以为到了末日，忘记了前面还有路，一味怨天尤人，牢骚满腹，甚至嫉妒成性，伤害他人，结果人格全失，自绝于人，真的永远失去了成功的机会。由此可见，每一个人在失意的时候都应该看得远一点，看得真切一点，切莫失去理智和人格。人格是人生成功最宝贵的东西。只要有人格在，就有被人们认可和接受的基础，就有成功的希望。

自省深一点。一个人在提拔、评职、调岗等方面不如人意，应该首先从自己身上找原因，而不应一味地指责他人不公正，不识才。自省一定要深刻，真正平心静气、实事求是地看一看是不是自己把自己估计过高了，自己是不是真的具备了被提拔、被晋升、被重用的条件，是不是真的比那些被提拔、被晋升、被重用的人优秀，是不是只看到了自己的长处而没有看到自己的短处，只看到了别人的短处而没有看到别人的长处。许多人就是愿意过高地估计自己，自己不具备条件而自以为具备了，自己本来比不上他人却觉得非自己莫属。也有的人视别人的长处和自己的短处而不见，只愿拿自己的长处与别人的短处比，如一些企盼被提拔的人，只看到自己政绩突出，没有看到自己德不及人；只看到自己的资格老，没有看到他人能力强；只看到自己魄力大，没有看到自己作风差。有一些没有晋上职称的人，只看到自己比别人多发表了几篇文章，多出了几本书，没有看到自己的本职工作没有他人干得好，自己奉献社会、奉献集体的思想境界没有他人高，自己尊重他人、团结共事的合作精神没有他人强。特别是那些民主评议不过关的人，更应该进行深刻地自省，多从自己身上找原因。只有真正找到了自身的不足，才能正确地对待失意，才能化解对他人的不满，也才能有的放矢地予以弥补，为今后的成功创造条件。如果只归罪于客观，而不从自己身上找出原因，就无法以正常的心态对待失意，就难以化解对他人的不满，也就难以找到今后的路。

姿态高一点。要在深刻自省、找出自身原因的基础上，以高姿态的言行来对待失意。具体应做到"四不四更一改"。"四不四更"即：不自卑，精神更振奋；不发牢骚，为人更谦虚；不闹情绪，工作更勤奋；不伤害他人，待人更友善。"一改"即虚心改过，弥补不足。这样，就可以把自己失去的东西从人格上找回来，并以自己新的良好的人格来赢得新的成功。当然，也有的人没有得到提拔、晋升和重用并不是因为自身的原因，而是由其他种种原因造成的。但越是这样，越是要珍惜自己已有的基础，越是要珍惜自己的良好人格形象，越是要高姿态。"是金子总是会发光的。"只要自己能够一以贯之地努力下去，总会得到公正的对待。否则，因自己委屈而做出有失人格的事，就会使人生前功尽弃，功败垂成。

（辛举）

双手托起121颗太阳

1999年3月1日，春天的北京已是柳绿桃红，生机盎然，中国人民解放军军事科学院礼堂内更是春潮阵阵。当院长王祖训、政治委员张工两位将军把闪闪发光的一等功奖章挂在青年研究员、中校军官公方彬胸前时，台下响起了雷鸣般的掌声。公方彬，这位军事科学院战役战术研究部副团职政治工作研究员，因成绩突出曾被广州军区授予"模范思想工作骨干"荣誉称号，获二级英雄模范奖章，先后荣立一等功一次，三等功两次，十四次受嘉奖。先后参与和独立完成研究课题32项，著述200多万字。就是这样成绩卓著的中校军官，用自己12万多元的工资和稿酬默默资助着山东、四川、黑龙江、甘肃等8省的121名贫困学生，其中23人考入北京大学、山东大学、山东曲阜师范大学、石家庄陆军指挥学院等重点高校；28人高中毕业。

公方彬的名字牵动121颗太阳，更感动着千千万万人的心……

"爹，俺给您磕头了"

　　1962年农历九月初九，也就是重阳节这天，公方彬出生在山东蒙阴的一个小山村里，兄妹六人，他排行老三。当时，三年自然灾害刚过，作为革命老区的沂蒙山区生活相当困难，庄稼收的不够吃，就连吃水也要翻山越岭去挑。忠厚的父亲公财东靠自学在村上当上了一名教师，后来又改行当了赤脚医生，母亲虽没文化但和许多农村妇女一样，勤劳朴实善良。父亲因经历过痛苦的童年，所以对孩子期望很大要求更严，特别是对公方彬。他常对孩子们说："只要争气，就是讨饭也供你们上学。"

　　生活虽然拮据，一家人和和睦睦倒也让邻里羡慕。然而，一场厄运打破了全家的宁静。村里有一个贪污公款行将暴露的干部，为转移村民的视线，便诬告刚刚被村民推选为村会计的公财东贪污，还找了一个村民作伪证。那个善良的村民没有做这伤天害理的事情，可那干部仍凭着手中的权力把乡政府蒙住了。无奈之际，公财东只好撇下妻儿远离家乡寻访上告。守寡20多年把唯一希望都寄托在儿子身上的奶奶，一时承受不了这个打击疯了，不久便含恨而去，临终前，老人反复叮嘱：不论孩子有了啥出息，做人一定要讲良心。

　　通过不懈努力，公财东很快洗清了身上莫须有的罪名，那位村干部也受到了法律的严惩。这件事不仅坚定了公财东培养儿子成才的决心，也使公方彬深深懂得了"做人"二字的深刻含义。就是

"做人一定要本分、善良"。

1978年8月，16岁的公方彬高中毕业，由于家里实在拿不出供他读书的钱，他只好放弃了复读的机会，被管理区挑去当了一名文书，虽说这在现在看来是微不足道的小职务，在当时可是通向"商品粮"的黄金之途。多少人都在眼红这个位置啊！

由于公方彬为人勤快能吃苦且文才颇好，深受领导们喜爱。于是，他成了领导们表扬的典型。可是有一位个性很强的领导却看不上他，对他处处刁难。再加上怀有各种目的的人们挤兑，公方彬的处境每况愈下，一日不如一日，从最初的文书到他人取而代之的采石场搬石头，再到喂长毛兔，最后索性打发他到学校建筑工地——一片坟场守夜。在这种艰难的日子里，是亲人的关爱给了他生活的勇气。喂长毛兔期间，在一起劳动的本家叔叔察觉他碰到熟人后的那份尴尬，就让他在家负责喂养，自己去打草，他还经常给公方彬讲古人面对逆境，如何做人处世的故事。

令公方彬难忘的是一个深秋的晚上。那天，他因到几个村送通知回来晚了，未能及时给那位领导做饭，结果惹得领导大发雷霆，狠狠训了公方彬一通后又把他父亲叫来训话。那时他稍一惹领导不满，父亲便成为领导的训话"对象"。代儿受过之后的父亲，也常常去训他那"不争气"的儿子。有一次，又被领导训过之后的公财东，决定要好好教训一顿儿子。当他摸黑跌跌撞撞来到坟场，只见儿子正在尚未落成缺门缺窗的屋架中，伏在豆粒般大的油灯下看书，飘忽的灯光将儿子孤独的身影映在墙上，乱蓬蓬的头发如一堆蒿草，消瘦的下巴垂得更尖了，听着呼啸的风伴着阵阵疹人的猫头鹰叫声，再看看外面忽明忽暗的"鬼火"，这位饱经沧桑的老父亲不禁掩面痛哭，公方彬也流泪了："爹，不是我不争气，是我太想读书了！"那一夜，父子俩泪眼相对，度过了一个令公方彬终生难忘的不眠之夜。

正是亲人的一份份关爱给了公方彬做人的启示，从此，他下定决心：做一个对社会有用的人，做一个对社会有爱心的人。于是，他开始涉猎大量的书籍，姚雪垠的《李自成》，魏巍的《东方》等，常常通宵达旦。为了读书，他还曾烧坏过水壶。从书中，他得到的不仅是知识，更多的是做人的道理。于是，他痛下决心——当兵去！并为自己立下誓言：不成功便成仁！

1980年，熙熙攘攘的山东泰安火车站，新兵集结在这里准备南下。前来送行的父亲和哥哥千叮咛万嘱咐，嘱咐他到部队后一定好好干。望着父亲布满皱纹的脸和那闪着泪花的眼睛，他不禁鼻子一酸，泪如雨下。走出好远，回过头看到父亲依然纹丝不动地站在那里，他情不自禁地双膝跪地，哽咽着说："爹，俺给您磕头了。"

热泪长流，泪光婆娑映出一片侠骨柔肠

公方彬爱哭。用他妻子调侃的话说："他呀，眼泪最不值钱了，一个大老爷儿们动不动就抹眼泪。"

是的，他爱流泪。每当看到电视或报道中一些贫困孩子无钱读书时，他总是忍不住热泪长流。

1980年，公方彬来到广西柳州服役。一次野外训练住在一所叫白竹小学的校舍旁。几十个孩子正挤在一间破烂不堪的教室里上课。没有纸和笔，他们就在地上划字，虽然已是寒冬，孩子们穿得都很单薄，有的孩子竟还赤着脚，可那一张张稚嫩的小脸上挂满了对知识的渴求，那么认真，那么执着……看到这一切，公方彬流泪了，他想到了自己的童年，想到了自己艰难的求学经历。回来后，他开始在自己六七元的津贴费中"抠"钱。很长一段时间，连香皂、洗衣粉都舍不得买，牙膏也是用最便宜的，并且每次仅仅挤出豆粒般大的一点儿来刷牙，笔记本也是正面用完反面用……战友们笑他"抠门儿""小气"，他一笑了之。好不容易攒够三十多元钱，他买来纸笔送到了孩子们手中。孩子们捧着笔齐刷刷地向他鞠了一个躬，激动地说："解放军叔叔好！"公方彬却羞红了脸。从此，他的心与贫困学生打上了解不开的情结。

有一次他看到一篇报告文学：甘肃定西地区一些贫困孩子在极其困难的条件下，以十分坚韧的精神刻苦学习，有的孩子因带的粮食不够吃，就在晚上煮一锅粥，冷结后用刀切开吃，早晚吃稀的，中午吃稠的，为了减少热量消耗，不少孩子晚上坐在被子里看书……未读完，他已是泪雨滂沱，连夜给一位在军分区担任领导的朋友写信，要求资助这些孩子。后来甘肃会宁的10个学生便成了他资助的对象。

1998年，他到山东蒙阴一中送捐赠的钱，同行一位朋友当众讲了一个"笑话"：某公司把他们资助的几位小学生邀请到北京游览，其中一个带了35元钱，是母亲借来给父亲买药的，因嫌北京的药太贵没舍得买；另一个带了5元钱，是母亲卖鸡蛋换来的，他说这是他长这么大拿得最多的钱，激动之余的他不知该咋花，最后还是一分没动地带了回来。吃饭时，同学们对着满桌鸡鱼肉而未能吃下一口，米饭倒吃了不少。记者问他们为何不吃菜，回答说：吃不惯。朋友为此感到好笑。就在满车厢笑声中，公方彬禁不住热泪横流，心中一阵阵难受。他明白：这哪是什么真正的吃不惯，而是因吃不到而"吃不惯"啊！目前，我们国家还有许许多多父老兄弟姐妹在过着"吃不惯"的生活。这，又怎不令人痛心？

还有一次，朋友在电话中闲聊告诉他：江西新余市一家企业不景气，许多下岗职工生活困难，一位下岗职工由于经济困难和精神压力，与10岁的女儿一起跳河自杀。而这个女孩还是新余市的体育尖子。这件事深深触动了公方彬的心，他在日记中写道：大家生活在同一片蓝天下，如果相互能伸出友爱之手帮一把，怎么会出现这样的结局呢？自己是一个共产党员，一个军队干部，在社会经济转型期，一些人生活暂时遇到困难，我有责任去帮助他们。于是，他通过新余市教委在当地选了10名贫困学生，后来又增加到13人，收在了他的"帐"下。

"无情未必真豪杰"，眼泪，并不意味着软弱，而是一种真情的流露，它代表着一份真情，一份沉甸甸的责任。透过那闪闪的泪光，我们可以看到公方彬那颗跳动着的爱心。

"我想见公叔叔"

甘肃会宁，是我国最贫穷的地区之一，那里常年干旱，就连吃水也很困难，人们只能从很远的地方拉水或积蓄一些雨水来用。由于缺水，庄稼长得又矮又稀，农民们常常是吃了这顿没有下顿。军事科学院宣传部新闻干事包国俊告诉记者，那是一个人见人落泪的地方。去采访公方彬的事迹时，他和徐明东干事睡的是全村唯一的一张钢丝床，吃的面条是积攒了一天的雨水煮的，乡亲们怕他们吃不惯苦井水。小王瑗就出生在会宁甘沟驿乡河西坡村。父亲老实忠厚，母亲勤劳善良，家中还有一位74岁的老奶奶和一位正在读小学的弟弟。一家人种了七亩薄地，食不果腹，五口人只有三条褥子，家中唯一值钱的就是那三只老母鸡。1991年，王瑗的父亲不甘心现状，到处求亲告友借钱开了一个烧砖窑。由于没有文化，不懂技术，烧出的砖又粗糙又易碎，许多客户纷纷摇着头走了。看着辛辛苦苦烧出的砖全变成一堆废物，想想那仅有的一点希望也破灭了，这个壮实的庄稼汉子不禁在窑前抱头号啕大哭，不久便一病不起。生活的重担全压在母亲张淑珍身上。她东奔西走，一把鼻涕一把眼泪四处借钱为丈夫看病。可是，在这贫困的地方，乡亲们除了一捧同情的泪水外，又能拿出多少钱来呢？1993年，王父的病情继续恶化，他吃力地对王瑷说："孩子,你一定要好好读书,没有文化什么也干不成啊!"

父亲走了,留下五千多元的债务和一个风雨飘摇的家。从此,一家人的希望全寄托在三只母鸡身上了,每当下了蛋便拿到集市上换点钱,一方面维持生计,一方面还账。为此一家人三年不闻肉香,五年不知蛋味,小王瑷也含着眼泪不情愿地走出了校门。走出校门,小王瑷背对学校,用手指一遍一遍地在地上写着"上学",手划破了,泪也洒落一地。虽然父亲临终叮嘱:没有文化什么也干不成!可是面对负债累累的家,她又怎么能再读得下去!

1994年,公方彬得知小王瑷的困境后马上寄来了学费,并附了封长长的信,在信中他鼓励王瑷要有战胜困难的信心,要做一个坚强的人。他还在信中反复叮咛,一定要好好读书,他将长期资助她,直到上大学。小王瑷又重新回到了学校,硬要校长帮她把鸡蛋寄给公方彬。校长流着泪说:"好人哪,我们真是遇见好人了"。

王瑷流着泪对前来采访的中央电视台记者说:"公叔叔对我的帮助我终生难忘,我一定好好读书,决不辜负公叔叔对我的期望。"当记者问她最大的心愿是什么,她哭着说:"我想见公叔叔。"

"我想见公叔叔",王瑷的呼声又代表了多少孩子的心声啊!那些受到他资助或受到他书信鼓励的孩子们是多么想见一见公叔叔呵!

在山东蒙阴一中,挂着一个印满小红手印的小本本,那是校领导为公方彬捐款而设立的,每收到一笔汇款,孩子们都要在这里留下一个小手印。去年3月26日，当军事科学院"公方彬事迹调查组"来到这里时，乡亲们有的从家里拿来花生米，有的拿来大枣，有的拿来鸡蛋，纷纷涌到学校，托调查组同志捎给公方彬，这种情形，公方彬遇到得太多了，每当他到一些贫困孩子家中看望他们或到学校同他们座谈时，纯朴的乡亲们没有什么好招待的，唯有用这种方式来表达他们的感激之情，有的还把东西寄到北京，公方彬收到后都及时地汇去钱，虽然他知道这样做会伤害他们的感情，但他更知道这些东西对于贫困农民来说意味着什么。乡亲们的深情厚谊他在心里深深地领受了。

"公叔叔教会了我们怎样做人"

公方彬曾说过："金钱只能解决一个时期的问题，而帮孩子们树立正确的人生观和世界观却是最重要的。"在物质帮助的同时，公方彬更注重思想上的交流。他经常给同学们去信鼓励他们战胜困难，树立信心，培养自立自强的品格，确立正确的人生目标。翻开那800多封信，封封情真意切，催人泪下，同学们打开心扉对他畅谈，有学习上的、思想上的；有成才问题、有贫困问题、有经济问题、有做人处世问题……每回一封信他都经过认真的思考和精心的准备。他说：我给学生捐钱是次要的，重要的是解决他们的世界观、人生观的问题，换句话说是给他鱼还是教他钓鱼方法。我作为一名政治理论工作者，更应该给予精神上的鼓励。1992年他给几个学生写的第一封信就达15000多字。公方彬还善于用自己的成长经历来阐明人生的一些基本观点，深深地影响着他身边的每一个人。

去年8月，公方彬回乡探亲，蒙阴一中的领导说给孩子们讲一讲吧。公方彬没提一句捐款的事，而是面对那些似曾相识的面孔和孩子们谈了如何做人、如何看待痛苦和成材之路的问题。他用自己的人生经历给孩子们上了生动的一课，礼堂里座无虚席，就连过道里也站满了人。他说人不是生下来就找苦吃，但人不能怕吃苦。不吃苦就不知甜的滋味，所以才有历练一说。只有经过千辛万苦获得成功才会格外珍惜，不会轻易放弃，也只有真正体会过爱心的人才真正懂得做一个有爱心的人的含义。他还针对不同的问题写出了《农民子弟成才的出路在哪里》《愈挫愈奋，百折不挠，始获硕果》《放下包袱，轻装上阵》《找准自己的人生支点》《永远对人生充满希望》等20多万字的书信集。

现在北京大学读书的赵传峰是1993年读高中时得到公方彬资助的，赵传峰家有4口人，妹妹未读完初三便回家干活了。赵传峰上学时没有钱买书，就只好借别人的，抄别人的学习资料，背写英语单词舍不得用纸和笔，只是用笔帽在纸上划，在生活上，连牙膏、香皂都买不起，没有钱买学校的饭，星期天回家时带一叠煎饼，一饭盒晾子，夏天菜容易发霉，还要挑拣着吃两三顿，不舍得倒掉。1993年9月公方彬向他伸出了援助之手，此后每个学期都会按时寄来200元钱，后又增加到250元，第一次从校长手中接过捐款时，赵传峰的心情难以用语言表达。母亲流着泪说："这钱是公叔叔给你读书的，家里再穷也不会乱用。"4个学期公方彬共给他捐款900元。赵传峰到大学报到的当天，公方彬去学校看他并给他留下500元钱，拿着钱，赵传峰说不出话来。报到前，赵传峰曾到公方彬父母家去过，家里没有一件像样的家具，两位老人仍住在二十年前盖的茅草房里。在对赵传峰物质帮助的同时，公方彬还经常来信鼓励他好好学习，教育他如何做人。并且给他寄来了自己的著作《困惑与选择》《美·艺术·教育》《人世的感悟》《人类的顿悟》《人生的醒悟》等书，赵传峰没有辜负公方彬的期望，考入了北大的他先后担任了学生会部长，本科生党支部书记，并且还兼修了"经济学"双学士，被北大录取为免试研究生。在赵传峰考入北大的第四个学期，他主动让公方彬停止对自己的资助，决定勤工俭学。公方彬激动地笑了。他说："我在乎的不是钱，而是看着一个个孩子能成长为自强自立的人，我心里高兴。"说话间的公方彬眼睛红红的。赵传峰含着眼泪说："公叔叔对我的影响是金钱衡量不了的。"

王琦是山东蒙阴一中的学生，她学习很刻苦，个人奋斗意识也很强，可就是不能正确对待挫折。在给公方彬的信中她诉说了自己的理想和内心深处的忧虑，以求得到思想上的帮助。公方彬几次写信启发她，在她有成绩时及时鼓励，在她有压力时帮助劝导。王琦第一次参加高考落榜后一时对前途失去了信心，公方彬及时写信鼓励她，从古今中外一直到自己的经历，谆谆诱导，句句含情。并且又寄来了复读费。经过一番思想工作，使王琦很快放下了思想包袱。去年以优异的成绩考上了山东曲阜师范大学。入校前一夜，她一宿没睡，赶着给公方彬绣制了一双鞋垫，以表达内心的感激，绣了一夜哭了一夜。她在给公方彬的信中说："公叔叔，是你教会了我怎样做人，这笔宝贵的财富我将终生收藏，并且我也会像您那样永远保持一颗向上的心，做一个有益于社会的人。"

公方彬是一位理论工作者，他没有忘记自己的职责。在实际生活和工作中他以自己的言行影响着更多的人。到部队代职期间，他以普通一兵的身份与基层官兵们打成一片，了解他们的思想和情感，与他们共同探讨人生中碰到的各种问题，从思想上帮他们排忧解难，给年轻的战士树起了一个做人的榜样。他还针对当今各种思潮对年轻一代的影响，以自己多年思考的积累，写出了《人生的醒悟》《人类的顿悟》等著作。

他周围的年轻人都说：公研究员就是我们做人的一面镜子。公方彬却说：是那些贫困学生的思想和情感深深影响着我，感动着我。孔德菊是公方彬在沂蒙山区捐助的30个孩子中的一个，她父亲去世，母亲有病，弟弟年幼，一家人的生活靠66岁的伯伯支撑着。被学校保送到县重点高中的孔德菊既喜又忧，最终是公方彬帮助她安心进了学校。去年8月，公方彬见到了孔德菊一家，提出把她弟弟也作为自己的捐助对象，并留下了新学期的学费。但他一到北京就收到了孔德菊的来信，她在信中说："您已帮助了我，我母亲不想再给您增加负担，我们全家认为，应该把机会留给别人。弟弟也说，给他一年的机会，让他拼一拼，如果考上高中，再接受这份帮助也坦然些。"

在公方彬的心目中，他18年的最大一笔财富就是学生们写给他的800封来信。他说每次翻开他们的来信，心灵深处都会受到深深的震撼，看到他们对知识的渴求，刻苦学习的韧劲，自己的心灵也受到净化和磨砺。

亲情是他爱心的支点

在老家，年事已高的父母至今还住着20年前盖的草房里，穿着朴素的衣服，过着俭朴的生活。孝，是我们中华民族的一大美德。作为公方彬更能深切地体会到这个字的涵意，他又何尝不想让自己的亲人生活得好一些呢？每当他提出要为父母盖房子或给他们钱时，他们说什么也不肯要，老人说："我们年纪大了，不讲究什么，你挣点钱不容易，就把它花在你想干的事业上去吧！"于是，他只好又把钱寄给了学生们。

妻子温柔贤惠，通情达理。结婚十多年一直在默默支持他的事业。近两年，她患了甲亢病，身体很虚弱，有时下班挤公共汽车回来累得连饭都不想吃，每当看到这种情形，公方彬心中总会升起一种内疚。一次，他劝妻子："太累了，就打个车回来吧！"妻子叹了口气："我一月那几百块钱，哪舍得打车？这些年你的工资和稿费又有多少到我手中？"话虽这样说，但她每日还是抱着病体在公共汽车的颠簸中穿梭于单位和家之间，丈夫忙或出差时还要代他到邮局汇款或捐献衣服。

6岁的儿子长得天真可爱，小家伙在记者身边问这问那，显得很高兴。恰好有一电话公方彬忙着要接。小家伙自告奋勇要给记者放电视，他说，那里面有他爸爸。谁知摁来摁去就是不出像，急得他大叫："爸爸快来，电视又不听我的话了。"放下电话，公方彬左调右调，屏幕上终于出现了人影，他笑了笑：开这个电视，是我的"专利"，我不在家，他们娘儿俩就只好"望电视兴叹"喽！

记者还看到，他的组合橱也都是过时的，并且只需一用力，抽屉底就会被拉掉……

公方彬说："我这个选择是一种理性的选择，人活着总得有个价值。我是一个理论工作者，我想通过我的笔、我的言行来影响更多的人，让人们感受到这个世界处处充满爱，处处充满着真情。当然绝对的奉献是没有的，人们在奉献的同时也得到了，要问我得到了什么，那就是精神上的回报，社会的认可。"

（孙现富）

不图一生平安　但求一生有为

同学好友，多年不见，偶然重逢，自有一番人世今昔之感慨。分别时，朋友祝我一生平安，我说且慢，我不图一世平平安安，只求今生有所作为。朋友颔首会意，默然而去。

一生平安，也许是个良好的祝愿，但我认为，对于一个立志干一番事业的人，这既不可能，也没好处。

首先，人的一生，即便是什么事情也不做，也难保不遇波折，更何况那些有着远大理想却在不利环境中同命运做着顽强抗争的人们，对他们来说，人生没有平安，只有拼搏。人不是神仙，任何完善的理性谋划，任何惊人的想象，都不可能精确地预测以后的事件进程，事物间的相互牵扯和随机性变化，常使自以为万无一失的计划因一件极小的疏忽而归于失败。诚然，预测并非无用，但随机应变的能力其实更重要。越是复杂的、庞大的、需要大力谋划的事情，如人生道路的设计，就越是存在着更大的风险。所谓风险，就是既可能成功也可能失败。无须谋划的事业是不会有成功和失败的感觉的，但我还从未听说过不需要任何谋划的事业。

其次，四平八稳，安常处顺，本来就不是一个积极进取的人生态度，所谓"生于忧患，死于安乐"，好事常常多磨，失败、挫折、痛苦、无助这些人生的苦难犹如生命中的良药，不可缺少，吃下去，会增加我们的体能和智能，可以战胜来自内部的退化和来自外部的压力。咽不下，就只能平庸一生。过去有"吃得苦中苦，方为人上人"之说，即便不是为了想当人上人，也不应在困难与风险面前退却。人，不能在顺境里认识人生，更不能在顺境里成长壮大，俗语云"经一事，长一智""跌个跟头长个记性"就是对这种人生经验的恰如其分的总结。

困难与风险是与生俱来的，害怕与逃避丝毫不能减少这种困难与风险的存在而求得平安，却只能导致体能和智能上的退化，造就一个一生平庸的人。人从小就是从跌跤中学会走路的，长大以后，也是在不断犯错误中学会判断是非。"遇险即欲避，安能皆通达？"所从事的事业越大，所遇到的阻力和风险也会越大，然而，就在人们克服困难、改造外部世界的同时，自身的智慧、恒心、心理承受能力等素质也在悄悄地同步增长着，这也是大自然对自强不息者的回赠，只可惜，这份贵重的礼物，很多人并没有深刻认识和好好珍惜。

真正的平安是不能靠祝福得到的，只能靠自己努力争取。称某人事业"一帆风顺""一不小心"功成名就，这实在是一种欺人之谈。"心想事成"之类的吉利话当然可以接受，但要看到那只是一件事情的开头和结尾，没有提中间的过程。成功不能轻易得到，不管你怎样轻描淡写地评价它。成功的金字塔是用错误、挫折、失败甚至血泪堆积起来的，但如果你只是个观光客，那金字塔就美丽动人多了。就像唐僧西天取经，经过九九八十一难方得正果，但也可以写成轻松滑稽的小说。对于苦难与艰险，有的人看得轻，有的人看得重。红军长征，前有堵截，后有追兵，中有分裂与叛逃，外加大自然设置的数道险关，每一处都生死攸关，以一旅疲惫之师，竟能闯关夺隘，终达目的，何其险也，然而毛泽东却以一句"五岭逶迤腾细浪，乌蒙磅礴走泥丸"以及"万水千山只等闲"的轻松来评价这次历史奇迹。这就是一种态度，一种藐视困难与艰险的态度。

回首20世纪前期的中国，真可谓波澜壮阔，英雄辈出。何以英雄辈出？关键就在于世道不太平，求平平安安地做个好百姓都很难，更何况做英雄？所以身处乱世的英雄们常常要比和平时期的人们克服更多难以想象的困难，方能成就一番事业，此即所谓"时势造英雄"。

吾生也晚，恰逢太平盛世，虽幸能安居乐业、丰衣足食，但饱食之后，也常因肚皮渐长、惰性渐增而不安。常听有人慨言"我若生于乱世，必为豪杰"云云，然静夜思之，此话实是为惰性做自我开脱之辞。大凡人的一生，饱食终日，无所作为，故非所愿，然而曲折坎坷，跌宕起伏又岂是事先设计好了的？之所以有平凡与伟大之分，实乃因理想志向高卑不同所致。伟大的动力和多彩的经历都是为伟大的理想而产生的。

一日偶然在报上读到一条消息,说是在80年代曾因熟记15000个电话号码而一举成名的女话务员勾艳玲,在日新月异的电信技术取代了她原来的工作,她转而去卖"大哥大"时,居然在4个月内卖出800部"大哥大",其数字在全市20多个电信营业网点的销售额中名列前茅,成为新岗位上的能手和名人。报纸给这则报道加的标题是(勾艳玲:决不平淡)。联想到前一段时间报道的普通管道维修工徐虎的事迹,掩卷而思,忽然感悟:英雄何必生乱世,豪杰有志终成名。

战争年代的英雄们是为了我们今天的和平幸福、安定祥和的生活而浴血奋斗的。生活在幸福安宁中的人们,不会有谁再为当英雄而期望乱世。然而我们并非无事可做,我们的国家还有未解决温饱的人,我们还要为后来者创业奠基,我们的社会中还有假恶丑,我们还要和别国竞争综合国力,我们不能安于现状,我们不能自甘平庸。即便是在平常的岗位、做着极平凡的事情,我们也应把它做得精益求精,与众不同。多姿多彩的经历和声名显赫的荣誉固然值得称羡,然而那些甘于寂寞,在一个个平凡的岗位上专注于把一件件平凡小事做得尽善尽美的不平凡的人也足可以称为英雄。英雄何必都留名,不图英雄之名的英雄方是真正的英雄。从这个意义上说,和平时期的徐虎与战争时期的董存瑞同样伟大。

人是有惰性的,和平时期的人们就更容易在安顺和平中滋生惰性。而英雄的可贵之处就在于，他们不但能战胜外部的艰难困苦，更能战胜自身的惰性。这也正是我们一般人要学习的。

还是那句话，不图一生平安，但求一生有为。

（王殿华）

"恶"邻善处

有道是"千金买田,万金买邻"。古代孟母之所以三迁其所,主要是为了选一个好邻居。有一个好邻居无疑是许多人所向往的"软环境"。然而,由于人口增长造成住房紧张,人们往往难以做到先选好邻居再选屋,能够有一个相对稳定的住所就不错了。因此,碰上好邻固然幸运,但若遇到一个人见人嫌的"恶"邻呢?有人针锋相对,寸步不让;有人不屑一顾,自我封闭,"老死不相往来";也有人畏畏缩缩,听之任之,"惹不起躲得起"。三种结果,都是不妙的。依我的经验,"恶"邻善处,才是上策。

在我搬进这座房子之前,早就听到这个邻居的种种传闻了。什么锱铢必较呀,目中无人啦,手脚不干净……等,反正没有一句好话。而这些传闻的发出者都是这个邻居的邻居们,可见其处境是多么的孤立。就连我那个搬出去另住好几年的房东也好心告诫我:对这样的人,你可得多长一个心眼。虽然说者有心,听者无意,但是就在我把一些简单的家具搬进去后,迎面就吃了这位"恶"邻的一记"闷棍"。原来房东当年搬出去时并不准备把房子租给别人,就连同电线也扯掉了。我不知道他们的过隙，就买了包好烟满脸赔笑地请求邻居让我装个电表过个线，不料他以损坏墙壁为由毫不客气地拒绝了我。当天晚上，我们只好点着蜡烛做顿油盐不均的饭菜。妻子气呼呼地说：我说了不要搬过来住，你就不信这个邪。我笑道：咱打着手电看电视，也算是尝了一回鲜。只要我们始终心怀善意，我就不信接不上他心头的那根线。

说来话长，我的这位邻居是个60多岁的退休工人，性格极为古怪，他平时独来独往，不苟言笑，不说则已，开口吓死人。而他老伴偏偏是个典型的"清道夫"，什么事都喜欢插嘴，婆婆妈妈的骂人话尽招人嫌。两人真是水火不相容，都这么大年纪了，不仅分居，还分食。他们的儿女都在外地工作。一年难得回来一次。因此他们一个厨房两口锅，各放各的米，再加上我们一个小家庭，三炉生烟，倒也静中取闹。也许是我们夫妻俩在家的时间较少，也许是我和他一样喜欢安静，相处了一段时间，倒也相安无事。我在城郊工作，双休日回到家，喜欢捧本书在墙根下看。这位"恶"邻也有个习惯，喜欢耳贴着袖珍收音机细细地听。每每屋里剩下我们一老一少两个男主人的时候，我总要择时给他敬上一根香烟。碰上他一个人气喘吁吁地搬运物件时，我总是主动上前帮他一把。这样就有了简短的对话。我问他今天会不会下雨，他便向我分析近期的天气状况；我同他抱怨物价的上涨，他会说起过去的衣食住行……在接触中，我觉得这位邻居的本性并不像别人描绘的那样"恶"，只不过是他为人处世时过于偏激的言行让人受不了罢了。比如有邻居小孩偷吃了他晒在外面的花生，他会大声警告要放鼠药毒死他；又比如某邻居有个初一、十五点香作揖的习惯，他会取笑人家如此迂腐也想成仙云云。我喜欢食辣，有好几次在过道的厨房里炒辣椒吃，那辛辣的气味自然是难以抵挡的。在房间里闭目养神的"恶"邻闻气而出，大声抱怨空气污染，对这位房东极尽挖苦、辱骂之能事，我知道这是指桑骂槐，妻子也几次想发作，都被我用眼色顶了回去。我给他敬了烟，好言安慰道："咱江西人没个辣椒还真吃不下饭，真是对不住，您老先到外边去透个风，我三五分钟就好了，要不我把灶子搬到屋外去炒菜……""恶"邻居见我说得诚恳，欣然而出，开始抱怨起这辣子的辣味来……

　　"恶"邻不恶，这只是我个人的以为，至少他那多嘴的老伴就常在我面前数落他的不足。看到我居然能和这个"老顽固"套上近乎，其他邻居都有些惊讶。其实我还是相信那句话：人性本善。我这位邻居是个饱经风霜的老者，善心对待这样的邻居，不仅在思想上要"和为贵""忍为上"，更主要的是要从语言上、行动上化解相互之间的人为隔阂，多方了解，主动交往，在接触过程中，以善为本，以诚动人，适时适地地"投其所好"。我知道，任何一位老者，只要不是痴呆，都可能是一部活生生的历史著作。我从这位邻居的生活习惯中知道他喜欢关心时事和天气预报，就有机会听他谈毛泽东邓小平甚至50年代本城的一次大洪水；从我不经意的历史疑问中得到了他三言两语的答案，所以就有机会同他谈过去的恩宠荣辱和本地的风情掌故。老人是健忘的，但老人又喜欢谈论往事；他理论不多，但感性知识不少，这正好弥补了我读书写作方面的缺憾。人心都是肉长的，遇上这样一位性格上、生活上的"恶"邻，由于我一贯坚持的善良、诚实的处世待人原则，他终于知道我这个邻居是个值得信赖的好人。说实话我并没有刻意去感化或者改变他，他能够和我一家人和睦相处，也许是应了那句"善有善报"的好话罢！

如今，我早已从他家里接上了那根电线。更值得珍惜的是，我还从他那尘封已久的心里接上了一根邻里和睦的感情线。他变得比较热情，见了我话也多了起来。随着他性格的相对开放，他和老伴的关系也有所改观。最近，他们终于坐到一个饭桌前了。那一次，从不邀请别人也从不接受别人邀请的他破天荒地叫我这个小字辈去喝两杯。我欣然入座，举杯共饮间，各自掏出了心窝窝里的话。

生活是一条漂泊的船。不管时代的风浪把我们吹到何处，我们都应从善如流，好邻珍惜，"恶"邻善处。

（詹平相）

同事间相处的八个秘诀

秘诀之一：真诚地赞美同事

"每一个人都喜欢人家的赞美。"这是美国总统林肯的名言。威廉·詹姆斯说："人性中最深切的禀质，是被人赏识的渴望。"因此，在与他人相处时，就要注意满足他人的这种渴望，多多赞美别人。

如果你能满足他们的这种嘴上说不要，而心里却十分想得到的赞美，那么，他们能不视你为朋友吗？

大凡在成功后欢欣的人，都十分注意赞美他人，安祖·卡耐基甚至在墓碑上都要称赞他的属员。他为自己写了这样一段碑文："这里躺着的是一个知道怎样跟他那些比他更聪明的下属相处的人。"

当然，对同事的赞美必须真诚，不能有丝毫虚假的成分。

秘诀之二：关心周围发生的事

在与同事共处的过程中，要做一个热心人，不要怕多管闲事，要关心同事们的喜怒哀乐，并尽自己的最大努力去为他们排忧解难。

当然，关心别人不是一味地围着他人转，没有自己的个性，成为单位的"应声虫"，而是既将自己置于群体之中，成为其中的一员，但同时，又没有失去应有个性的追求。

如果你还不善于关心同事间发生的事，还不善于关心别人的话，那么，请你从较为亲近的同事开始吧！

秘诀之三：广泛地与人接触

世界上没有两片相同的树叶，也没有两个完全相同的人。不同的人对人和事有着不同的认识方法与思维方式。有些人喜欢与自己认识问题、解决问题的方式相似的人接触，而不大愿意与自己的性格、志趣不大相同的人相处。这就限制了自己的交际范围，不利于增长见识、广交朋友。在一个单位里，各种个性的人都有。不管哪种人，都要尽量多接触他们，以此丰富自己的人生经验，成为大家的好朋友，赢得良好的同事关系。

秘诀之四：学会倾听同事的闲谈

学会倾听同事的交谈，是能够被同事喜欢的窍门。在与同事的交往中，耐心地听取别人的意见要比对人进行说教强得多。当一个好听众，对你好处无穷。首先，它可以使你获得一些重要的、有益的信息，增进对讲话者的理解。其次，可以使你养成良好的素养，成为同事心目中可以信赖的人。

当有的同事要对你讲真心话，一诉衷肠的时候，不仅要用耳朵去听，而且要用心灵去感受，与对方共同承担喜怒哀乐，成为真正的知音。

秘诀之五：开放自我

开放自我是与人和睦相处的前提，在单位里过分掩饰自己或将自己封闭起来，是不可能成为受欢迎的人的。因为人家从你的言行中领略不到你的真诚与友好的品质。那种"假正经"在同事间是没有市场的。

秘诀之六：学会道歉

如果你因偶然的不慎得罪了你的同事，千万不要不好意思开口道歉；更不能大大咧咧、满不在乎。否则，会严重影响同事间的关系。你应该放下架子，不顾什么情面，诚恳地向别人道歉，以得到他人的谅解，从而消除隔阂，握手言和。

秘诀之七：不斤斤计较

斤斤计较的人是很难与同事搞好关系的。如果对扫地、抹桌子、打开水之类的小事也去算计，那么，你与同事间的关系也肯定搞不好。

秘诀之八：为人正派

一般地说，在单位里，为人正派的人是受人欢迎的。那种在上级面前低头哈腰，在下级面前仰头腆肚，在同级面前握手使绊子的"势利小人"是不受人喜欢的。因此，必须为人正派，敢于坚持真理、伸张正义，以此博得同事的敬重。

（马从伟）

登高望远，思索的分量才重

石成金立身《十要歌》

石成金，字天基，号醒庵愚人，世居江苏扬州，清代著名养生学家，主要生活于顺治、康熙年间。石氏在《养生镜》里，收有一首《十要歌》，高度概括了他立身处世的准则，非常值得重视。

所谓十要，包括孝、悌、严、忍、勤、俭、谦、让、愚、笑等十个方面。石氏指出，为人应当孝敬父母，友爱兄弟，严格教育子女，遇事忍耐，手脚勤快，生活俭朴，待人谦恭，分财逊让，愚拙自守，欢笑乐观。下面简要加以介绍。

石成金首先强调孝敬父母。他说："人要孝，人要孝，父母生我恩难报。三年乳哺苦劬劳，养得成人图有靠。听我歌，尽孝道，朝夕承欢休违拗，寒时检点与衣穿，饥来茶饭宜先到。檐前滴水不差移，你的儿孙都尽孝。"我们今天时代不同了，当然不能照搬"父为子纲"的封建孝道，但孝敬父母却是完全应该的。父母辛辛苦苦把子女抚养成人，待到年老时有的体弱多病，有的生活十分困难。鸟雀尚知反哺，子女更应对老年父母多方加以照顾和赡养。《中华人民共和国老年人权益保障法》第十一条明确规定："赡养人是指老年人的子女以及其他依法负有赡养义务的人""赡养人应当履行对老年人经济上供养,生活上照料和精神上慰藉的义务,照顾老年人的特殊需要。"党的十四届六中全会决议也指出:要"大力提倡尊老爱幼"的家庭美德。子女孝敬父母是天经地义的。任何人都有衰老的一天,你年轻力壮时能够精心照料和孝敬你那年老体衰的父母,等到自己苍老的那一天,你的子女也会同样孝敬你。否则,你丧尽天良虐待自己年迈的父母,等到你白发苍苍时,你的子女也会用同样的方法虐待你。这就叫种瓜得瓜,种豆得豆。所以石成金说:"檐前滴水不差移,你的儿孙都尽孝。"就像屋檐滴水那样,后一滴跟着前一滴掉落在同一地点。说明家庭道德也是代代相传的。一个孝敬父母的人同样会赢得自己子女的孝敬,不然就会收到相反的后果。

　　石成金接着又讲了人要悌和人要严的道理。所谓人要悌,要求兄爱弟来弟敬兄,姑嫂妯娌互相敬重,做到"兄爱弟敬两相亲,骨肉同胞难抛弃""同居妯娌要相安,免得大家伤和气"。所谓人要严,认为子女从小必须严格管教,倘若子女自幼形成坏的生活习惯和思想品质,到成年时就难以纠正了。石氏写道:"人要严,人要严,有子须当教训先。养子不教父之过,爱他今日害他年。听我歌,早着鞭,莫问小过且姑怜,自小纵容不成器,大来拘束也枉然。士农工商执一业,免他流落在人间。"其中除了鞭打体罚不足取外,其他都是十分可行的。现今独生子女很多,他们大多成了家中备受宠爱的小皇帝,有的孩子从小骄横放肆,胆大妄为,不讲文明礼貌,自私自利，不顾他人，做家长的却一味迁就。如此姑息、溺爱和纵容，名曰爱之，其实害之。有的长大以后，非但"不成器"，有个别的甚至会堕落成为犯罪分子。因此，石成金的提醒很值得注意，对孩子从小就应有严格要求，要对他们加强思想品德教育，让他们从小学会尊重人、关心人和帮助人，还要培养他们爱劳动的习惯和自力更生的能力。这样，孩子长大以后才能在社会上立足。

石成金说："人要忍，人要忍，闲是闲非休作准，些许小事没含容，弄得家贫身也损。"又说："人要勤，人要勤，男耕女织各经心。古云坐吃山空了，要望成家只在勤。"还说："人要俭，人要俭，淡饭粗衣安贫贱。酒肉朋友哪个亲，手里无钱人都厌：有钱常想没钱难，若要安身要省俭。"认为做人要忍耐，不可放纵，小不忍则乱大谋，小事不忍就可能招致破财损身的大祸。为人要勤快，勤劳可以致富，懒惰必然受穷，即使有万贯家财也会坐吃山空。游手好闲会沦为下贱之辈，为非作歹必受法律制裁。生活要俭朴，要精打细算，绝不可铺张浪费。要居安思危，居富思贫，做到"有钱常想没钱难"，这样日子才会过得安稳踏实。

石成金主张为人谦让。他说："人要谦，人要谦，从来自大必生嫌。惹祸皆因好多事，见人礼貌笑颜添。奸盗邪淫行不得，若还狂妄定招愆。亲朋个个都欢善，乡党恂恂一味谦。"又说："人要让，人要让，你来我往都钦尚。坏人厚交吃他亏，有益好人当学样。听我歌，莫轻忘，就少推多才为上。放开一步天地宽，何必锱铢尽较量。任他算计有千般，我不想争有一让。"石氏在此强调为人要谦虚谨慎，讲究文明礼貌，这样人际关系就处理得好。切不可狂妄自大，恣意骄横，那是获罪和取败之道，绝没有好结果。与人交往要谦让，不要斤斤计较，分钱财时宁可自己少得，而让别人多得。但要注意，只可交品德高尚的好朋友，绝不可结品行恶劣的坏朋友，如果与坏人厚交就会吃大亏，那是应当引以为戒的。

石成金提出，做人当愚拙自守，乐观旷达。他说："人要愚，人要愚，装聋装哑假痴迂。聪明多被聪明累，巧者常为拙者驱。听我歌，好自知，每日憨憨怀展舒。我只随缘不妄想，无涯快乐总归愚。"所谓"装聋装哑假痴迂"，就是不要自我吹嘘，不要露才扬己，不要卖弄本事，而要做到大智若愚，大巧若拙。智商高本是一件好事，但有些人却机关算尽，处处卖弄聪明，自以为高人一等，谁的意见也听不进去，结果招致失败，造成不可挽回的损失。所以说"聪明反被聪明累"。《红楼梦》中有两句话："机关算尽太聪明，反误了卿卿性命。"说的也是这个意思。处世憨厚的人，处处说老实话，做老实事，坚持实事求是，表面上看来很愚笨，实质上才是真正的大聪明人。他们从不偷奸耍滑，从不算计他人。俗话说，为人不做亏心事，半夜不怕鬼敲门。他们的心情自然舒畅，对一切都很坦然，故曰"无涯快乐总归愚"。

最后，石成金指出为人要经常欢笑，不要愁眉苦脸。他说："人要笑，人要笑，笑笑就能开怀抱，笑笑疾病渐消除，笑笑衰老成年少。听我歌，当知窍，极好光阴莫丢掉。堪笑痴人梦未醒，劳苦枉作千年调。从今快活似神仙，哈哈嘻嘻只是笑。"石氏在此用十分通俗的语言，概括了乐观情绪与养生保健的辩证关系。因为笑是乐观的标志，有利于健康长寿，故民间至今还有"笑一笑，千年少；愁一愁，白了头"的说法。马克思曾经指出："一种美好的心情，比个副良药更能解除生理上的疲惫和痛楚。"这是因为乐观情绪能够提高人体的免疫功能，能够提高防病抗病的能力。由此可知，石成金所说"笑笑就能开怀抱，笑笑疾病渐消除，笑笑衰老成年少"，非常合乎科学道理，是很有积极意义的。

（周一谋）

做事之前先做人

中国传统文化十分强调"人"与"事"的联系的必然性,认为"什么样的人",就会做"什么样的事""人"决定"事"。当下一些人对其很不以为然,认为那是过时的老皇历,没有多大现实意义,主张应效仿西方把"做人"和"做事"分开,"做人"归"做人""做事"归"做事"。

西方确有"人"与"事"两分开的传统,但如果把它绝对化,也是不符合实际情况的,西方人在具体事情上有时也很注重"人"与"事"的和谐统一。美国前总统麦金莱一次想从两个老朋友中选一位担任驻外大使。起初他左右为难,犹豫不定,不知确定谁更合适。后来他回想起多年前的一件小事:在一个风雨之夜,麦金莱搭上公交车,坐在最后排的座位上。随后上来一位老妇人,手挽着沉重的衣篮站在过道上却无人让座。这时麦金莱的一个朋友(两位大使候选人之一),坐在前面看报,无所表示。最后还是麦金莱起身让了座位。这位朋友做梦没想到这么件小事竟然决定了他的"命运"。因为在麦金莱看来他"人"不行,也就不让他去干驻外大使的"事"。

每个人都希望自己能做些让人称道的有价值的事，用传统语言来说，就是要"立功""立言"。如何达到"立功""立言"？古人认为先要"立德"，也就是先有"德"才有"得"。中国古人所揭示的"德"与"得"之关系，从根本上讲，具有跨越时空的真理性。

实际上"怎样做人"是摆在每个人面前不可回避的问题，谁也没有豁免权。如今市场经济已是无须再争的社会现实，客观上商品化的浪潮冲击着社会各个层面、各个角落，好多人忙着"下海"做"事"。许多"下海"者和其他人有意识或无意识地认为，经商是远离道德品质修养的世外桃源，没有什么"做人"之虑。做商人是要赚钱的。金钱这东西很容易改变人的性情，不少人在金钱面前变得特别贪婪、见利忘义，甚至干出伤天害理的事来。那么整日同金钱打交道的商人，是否就该见利而忘义？真正成功的商人的经商实践做出了否定性的回答，同时又向人们昭示一个道理，也是商人立业的大前提：做人。

日本三井公司总经理池田成彬，常为人题写"德是根本，财是末端"八个字，它高度概括了池田成彬多年经商的成功经验。在商品经济高度发展的西方，商界中流行着一条黄金法则，据说，西方商人对其顶礼膜拜，推崇备至。这条法则用中国话来表达，就是"己所不欲，勿施于人"。如此充满浓厚道德色彩的商业法则，体现了商品经济对商人的行为的基本要求。大量的经商实践证明，只有恪守商业道德，方能在商海中如鱼得水，任意遨游。因为顾客会对其产生诚实可信的信赖感、得到尊重的满足感、顾客之家的亲切感，企业的美好形象会长久印记在顾客心中，从而形成习惯性的惠顾心理。顾客对你经营的商品深信无疑，甘愿舍近求远去你店购买，往往是一次买卖不成下次还会寻上门来。并且经常性地对他人做"现身说法"，起广告宣传、传递信息的作用，鼓动他人甚至带领他人到你店购物。另外，商人一贯讲究经商道德，人品高尚，有助于在企业内部营造良好的心理氛围，增强职工真正的自豪感，归属感，进而真心实意地为你的企业全力工作。所以，美国教授霍夫曼指出：为一个努力做正确的事的公司工作，员工会有良好的感受，良好的感受能转化成劳动生产率和产品质量的提高。"做生意，归根到底是做人"。只有遵守商业道德，注重自我人格修养，才能生意兴隆，买卖越做越大，以较少的劳动消耗，赢获最大的经济效益。那种"无商不奸"的说法，乃是庸俗经商者的短见。所谓"坐井观天，曰天小者，非天小也，所见者小也"，奸商可能是得逞一时，但终究会弄巧成拙遭到失败，成不了大事。

　　领导者作为人群中的特殊阶层，由于所处地位、所负的责任、所应发挥的作用，更存在着"做人"与"做事"这一必答的"应用题"。现实中有的领导人偏重于"做事"，轻视甚至漠视"做人"，这是一个很大的认识误区。一个领导者能否成功地实行领导，主要决定于领导者是否具有影响力。领导者的影响力由权力性影响力和非权力性影响力所构成。提高领导者的影响力,关键是提高比权力性影响力有更大力量的非权力性影响力,而在构成非权力性影响力的诸多因素中道德品质是本质性因素,居首要地位。

道德品质是决定领导者政绩的重要因素。道德品质高尚的领导者必然廉政、勤政、扶正祛邪,主持公道,全心全意为人民办实事办好事,深受群众的拥戴,具有巨大的号召力。其下属在心中对他产生认同感和尊重感,自愿地想领导之所想,急领导之所急,千方百计为领导者出主意想办法,同时又在行动上竭尽全力干好领导布置的工作。如此这般,哪能没有辉煌的政绩?如果领导者道德品质低下,口碑不佳,乃至千夫所指,令下属厌而远之,惧而远之。这样的领导者还会有政绩吗?

魄力和才干也是决定领导者政绩的因素。魄力、才干、道德品质是各自有别不相同的范畴,但前两者受道德品质的影响、甚至为其所左右。道德品质高尚的领导心胸坦荡、无私无畏,在领导工作中勇于负责、敢于创新,表现出极大的魄力,同时才干也得到相应的锻炼和提高。而有的领导者总是胆小怕事、思前想后,缩手缩脚。为何?是私心作祟。有的领导者也有才干,胸装不少良策妙方,但由于私利所致就是不实施利国利民、却触及个人利益的"锦囊妙计"。因此说,他的才干也是"虚"的。

相声表演艺术家马季在一次相声创作研讨会上讲过这样的话:当创作人员的创作水准达到相当高程度时,要使作品更受欢迎就要看其人格魅力了。马季讲的是相声创作问题，但其中的道理却带有普遍意义。海王星的第一位发现者是位大学生，难道此人的学问比天文学家高明吗？不是！因为寻找海王星的计算过程是异常乏味和枯燥的，那些有名望的天文学家为名声所累，都躲得远远的，生怕一无所获被人耻笑。居里夫人则与这些患得患失的天文学家形成鲜明的对照。她说，荣誉这东西好比玩具，只能玩玩，绝不可守着它。正因如此，在获得第一次诺贝尔奖后，她又全身心地投入到科学研究中取得新的科研成果，再一次获得诺贝尔奖。全国劳动模范包起帆，自1981年以来完成了70多项技术革新和发明创造，人称"抓斗大王"，名震中外。外国许多商人要与他合作办厂，请他"下海"，都被谢绝。他说：我不能忘记党组织和国家对我的培养；不能忘记改革开放这个时代给我的机遇；不能忘记科技群体这个伙伴。我是要下"公海"的，要在今后几年里再完成5项到10项技术革新和发明创造，再为上海港创办5到10个合资企业。

近些时候，北京大学学生提出一个响亮而实在的口号："治国平天下，先自修身始。"可以看出他们已充分认识到"做人"（修身）是"做事"（治国平天下）的基础和先决条件。愿一切立志有所作为者，首先在"做人"上下功夫。

（钱森华）

百舸争流话从容

时间已走到了20世纪末期，社会前进的步伐正在谱写日新月异的新篇章。不知不觉之中，人们早已习惯了无数扑面而来的新生事物，也习惯了在精神上做一个永远的竞争运动员。

从呱呱坠地到这个世界，我们就不停地参与各种竞争：上学、就业、升级、择偶……我们不停地与别人竞争，事事都要超过别人；我们甚至争自己的父母比别人的父母有权势，自己的孩子比别人的孩子听话。每时每刻我们都主动或被动地与别人竞争，有人在竞争的大海中练就一身弄潮技巧，但也有人尝到了海水的苦涩滋味。

竞争能够推动社会的发展，然而当人类被困于竞争的围城中欲退不得，我们的每一个精神细胞都为竞争而蠢蠢欲动，乃至在竞争中变形、扭曲，我们离人类生存的本质就越来越远，生命的真谛也就早已荡然无存。

茫茫人海，芸芸众生，在生活的竞争激流中我们至少应该固守的是一份从容的"采菊东篱下，悠然见南山"。从容是一种距离，是心灵的独立。现代都市生活有太多的浮躁，越来越孤独的人们却越来越渴望向这个世界表达些什么，生活就是这么矛盾。一片不绝于耳的聒噪声中，从容不是浮躁的表白，它是纷繁的世俗之外以冷静宁然的眼睛看世界、展示真我的内心世界，那低头嗅菊、抬首南望的悠然之中，是一派从容的心灵翩翩起舞。

记得当年高考结束，我的一个颇有才气的女同学却不幸落马。我们相约去看望她时，她却并没有因考试失败而沮丧，淡淡的一丝无奈中她很活泼地向我们展示她自己设计的服装、自己制作的小工艺品，她说已无意再冲杀于考场，而是要静下心来用一段时间思考自己将来的路。我不禁想起联欢晚会上她轻抚六弦，吟唱《难忘今宵》时的自信与洒脱。我忽然发现，她虽然考场失利，但其实是一个生活的强者，拥挤的人群中，她能够不茫然进退，而保持一颗从容心寻找自己在生活中最适宜的位置，这种成熟而冷静的从容确实是为许多成年人所不及的。

还要提及我的初中语文老师，她是退休以后又被返聘的老教师。与她相处的三年时光中我由一个青涩的黄毛小丫头长成一个亭亭少女，而这位老师那种从容恬悦的生活姿态对我的精神和心理的影响将伴我一生。老师60开外，却有一颗年轻的心，她让我们在繁重的学习任务中抬起头来用心灵去观察外面的世界。看大雨后的彩虹、欣赏一株盛开的鲜花、把玩一个瓷杯上造型别致的并蒂莲、领略古代诗歌的旷世之美、倾听浪漫的钢琴曲……乃至观察每一个同学性格中向美向善的一面等等。正是这位老师以丰富的人生经历和实际行动告诉我们生活中许多的美是匆匆一瞬，并且帮助我们及时把握住它们。

现在我与这位老师已失去联系，但她是我一生中遇到的最好的良师与益友。她那种从从容容面对生活，把握生活中的每一天并感谢生活、感谢大自然带给我们的一切美与感动的做人心态，将对我的一生产生深刻的影响。

生活如流水，做人如行舟，同是逆流而上，何妨多一些从容？

从容是对生活的爱。无须将自己包裹得严严实实，也无须行色匆匆，紧张的时候加一把油，松弛的时候何妨踏歌而行？

从容是对自己的爱。人生苦短，不必跳进生活的洗衣筒让自己无休止地旋转、争夺而形销骨立；更不必将生活当作磨刀石，自己上下打磨得溜光水滑。

从容更是一种美。松风吹解带，明月照弹琴，将生活当作一种美来欣赏的人，他的人生必有许多精彩一瞬，美丽得自己忍不住鼓掌喝彩。

上班进办公室，武装到牙齿的铠甲可否稍稍薄一些，对领导的眼色可否少看一些，同事间尔虞我诈的事可否看淡一些？

居家过日子，别人家的隐私可否少打听一些，邻里之间可否互相谦让一些，家里的装饰布置可否少与别人攀比一些，高兴开怀时尽管哈哈大笑，"老子"的架子可否少摆一些？

人就是一辈子。从容面对生活、面对自己、面对过去与未来，接受从容、学会从容、欣赏从容，从从容容地生活，明明白白地做个人。

（余力敏）

幸福时光的断想

一

坐在疾驰的列车上，窗外是北方大地无边的寒冷，正是岁尾，腊月将尽，车厢里的人都流露出一种回家过年的期盼与喜悦。于是心底也蓦地升腾起一丝温暖，一种久违的幸福慢慢地漾开。在这些日子的奔波辗转中，世事的风尘堆积在心上，那些清如流水的时光，竟是远不可追。

车窗外掠过一个村庄的影子，那一瞥间，积雪覆盖的房屋，早早立好的灯笼杆，每一家窗里透出的温暖，已深深印在心上。很小的时候，家也在一个酷似这样的村子，每当新年来临，心中充盈着的是巨大的幸福。那时的家境还很贫困，可是心却是那样容易满足。在成长的过程中，当一个个渴望得以实现，却没有了幸福，甚至有了疲惫。

邻座是一位三十多岁的男人，一身农民工的打扮，他痴痴地望着车窗外飞逝而过的白茫茫大地，脸上有一种极宁和的神情。渐渐地和他攀谈起来，他一下子打开了话匣子，如数家珍般说自己家里的事，还拿出他女儿写给他的信让我看。我问他在外面打工苦不苦，他一笑，露出雪白牙齿，说："在外打工哪有不苦的，可是苦归苦，心里却乐呵着呢！每年过年回家，看到家里人那高兴的样子，就觉得一切都值了。我在他们眼中，是这个家的顶梁柱，虽然在外面连孙子都不如，可我也不是为那些瞧不起我的人活着，家里人都好好的，我就安心了！"

心中很是感动，甚至震动。他的幸福如此简单，心愿又如此朴素。也许，自己的心被欲望桎梏得太久，如冰封水面，感受不到阳光的温暖。

二

那一年，松花江发大水，许多地方遭受了严重的水灾。有一个亲戚家所在的村子，也被洪水冲垮，待水退后，我去看望亲戚，当时他正带着几个儿子修建房屋。而在他们的脸上，没有一点灾后愁苦的神情。向他表示慰问的时候，他笑着说："没事没事，你看，一家人都好好的，房子冲倒了就倒了，早该重盖了。人没事就好哇，有人在，啥东西都能回来！"

当时的我正处在一种患得患失的心境之中，仿佛对生活有了一种本能的恐惧，那些没有得到的，拼了命想去获得，而已经拥有的，又担心旦夕间失去。于是心情烦乱至极。可以说亲戚的话让我很是震撼，只要有人在，一切失去的终会重新获得。没有珍惜的心情，得到再多，也不会有幸福的感觉。常念幸福的时光匆匆易逝，也许飘逝的，只是自己感悟幸福的美好心境。

三

上大学时的一个晚上，我在校园里遇见一个失声痛哭的女生，当时看她悲痛欲绝的样子，以为发生了天大的事，便过去询问，原来她和深爱着的男友分手了，三年至爱一朝分离，使得她觉得碎了所有的美好。

竟和她成为无话不说的朋友、当她从那份伤情中走出后，提及往事，仍会有不自禁的伤感与伤怀在青春岁月里，总会有些猝不及防的伤害，入侵易碎的心。即便平复了伤口，那份痛也会停留很久，直到毕业，我觉得她也没有真正地快乐过；

没想到多年以后，我竟又遇见了她，她早已脱尽了当年的青涩与稚嫩，闲谈间眼中有着一种超然，回首那段前尘，她的言语之中不再有惆怅，不再有怨恨，脸上挂着淡淡的微笑，对往事，对那个曾负了她的人，她甚至有了一份感激一份感恩。她说："多年过去，才发现那段情感曾是那样美好，时间长了，反而看得更清晰。不管结果怎样，那些幸福的日子都曾真实地存在过。对于他，也有了感谢之情，感谢他给了我那些柔情似水的日子，给了我一段美好的回忆。"

登高望远，
思索的分量才重

四

去年，去一所残疾人学校采访。那些十几岁的孩子都坐在教室里，阳光从窗口柔柔地洒进来，每个人都平静得像祥和的小天使。

我在黑板上写下一个问题：你觉得最幸福的事是什么？

一个聋哑学生站起来，用手语比画了一阵，老师翻译说："他说的是，如果能让他听见世界上各种声音，能让他亲口对父母说出自己的爱，那就是他生命中最幸福的事！"

一个盲人小姑娘说："我希望能看见这世界上一切的东西，哪怕那些在别人眼中是丑陋的，我也会欣喜和高兴。可我从出生就什么也看不见，一切都要靠手去感知，在心里去想象。对于我来说，能让我看见这个世界，哪怕只有一分钟，也是最幸福的事。"

那些孩子纷纷说着自己想象中的幸福，那是他们对自己无法触及的生活的一种渴望，而我手中的笔却早已写不下去，这些孩子的幸福，对于我来说，都是如此地轻而易得，可我却从未把这些当成一种幸福。只知道时光流逝，而幸福的时刻是那样短暂。在那些残疾儿童简单的幸福愿望面前，忽然惭愧得抬不起头来。

那些孩子回答完问题，在一起热烈地讨论起来，最后，他们的班长站起来说："那些想象中的幸福，我们永远也实现不了，而我们觉得，作为残疾儿童，我们能坐在这个教室里学习，这就是我们大家最幸福的事了！"

心于感动中慢慢濡湿，他们，不但能想象未知，更能珍惜现在当下的生活，就是幸福的全部，即使有一天逝去，只要用心活在每一个今天，幸福就会不离不弃。

五

在书上看到这样一组统计数字。

据说一个人如果身体健康没有疾病，那么他就比几百万人幸运；如果身患疾病却没有生命危险，他就要比几十万人幸运；如果病魔危及生命却依然活着，他就要比十几万人幸运。

据说一个人如果不必流浪还可以填饱肚子，那他就要比5亿人幸运；如果冰箱里有食物，衣柜中有衣服，房间里有床，那么他就要比45亿人幸运。

据说一个人如果双亲健在，妻贤子孝，那么他就要比世界上95%的人幸运；如果一个人身体无恙、事业有成、亲人健在、家庭和睦，那他就是世上最幸运之人了。

也许你正为自己的身高而苦恼，也许你正为父母不给你更多的零花钱而气愤，也许你正为生活的琐事而烦躁不已，想想比你更不幸的那些人，实际上你的境遇可能还不能称为不幸，你就会感觉自己已足够幸福和幸运了。

我们与幸福的距离，其实就隔着一颗对生活的感恩之心。

(包利民)

永葆青春的秘诀

一不留神,我们已步入了中年。

"人过四十天过午,我们老了。"我们聚在一起时常这样说。为了留住青春的容颜,我们中的一些人不得不用自己曾讨厌过的染发、描眉、擦粉等手段进行美容,当听别人夸一句"显得真年轻"时,心里也能溅出片刻的欢愉。然而骗得了别人骗不了自己,当晚上卸了妆以后才发现:染发精挡不住白发的滋生,去皱霜抹不平岁月的痕迹。面对镜中的自己于是摇头叹息:青春不再来。

我没走这条美容路,但我比别人更怕"老"。我反对同事让孩子叫我"孙奶奶",让他们叫我"孙姨"(但从同事那"不忍"的眼神中我看出了另外的含义:即使叫你"大姐",也改变不了你老太婆的现实)。为了留住青春的美丽,我把我和丈夫年轻时靓得如电影明星似的照片找了出来,并用高科技手段加工放大成结婚彩照。本想以此换得一种心理平衡,谁知当我把这张相片悬挂起来以后,收到的却是我意想不到的效果。人们竟把我错当成我儿子的对象(我儿子长得极像他父亲),说什么"您儿媳妇长得浓眉大眼的还挺俊",真让我哭笑不得。此时我才明白,启用这张"旧船票"也登不上青春的"客船",因为今日的我再不是昨日的我。

青春是什么?人能不能永葆青春?于是我开始在书籍和生活中寻找这个从古至今人们都在探寻的答案。作家塞缪尔·龙尔曼在一篇名叫《青春》的散文中说:"青春,不是人生中的一段时光,它是一种精神状态,它不在于红颜、朱唇和轻快的腿脚,而在于它的意志力、创造力、充沛的精力,这是人生充满活力的源泉。"我的一位白发苍苍依然笔耕不辍的文友大姐则率直地告诉我说:"岁月催人老,年龄不饶人,这话不假,可老不老关键在自己的心态,当你不觉得自己老时,你就永远不会老。"

于是我明白了青春的真正内涵。原来,青春不只属于年龄,属于瀑布似的黑发和红润光亮的脸蛋,它还属于心灵。只要心田里生长着一片常青的草,即使到了60岁、80岁,我们也依然年轻。

几经探索,我终于找到了让青春常驻的秘诀:

一、奔放热情

热情,是生命力旺盛的体现。永葆热情,就是要忘记年龄,永远保持一种年轻人才有的精气神,热爱生活,拥抱生活。春天来了,踩着三月的小径走向郊外,折一片柳叶放在唇边,清脆的声音会让人绽开青春的笑颜;在刚解冻的小河边,投几颗石子,数数水面上溅起的涟漪,这时,就会觉得青春同大地一起复苏;假日里,穿上旅游鞋和孩子们一起跋山涉水，路上唱一曲"革命人永远是年轻"，无意间自己也变成了年轻队伍中的一员。生活中我们可以丢弃幼稚，但不可放弃天真；可以丢弃冲动，但不能放弃热情。

说实话，自从我懂得了青春的真正含义后，我就战胜了对衰老的胆怯。不管是工作和生活，我都拥抱着热情不放。晚会上我和学生一起唱歌跳舞；课下，我带着业余"记者"去工厂、部队采访；寒冷的夜里，我披着棉被站在阳台上观看"流星雨"；我和学生们一起参加五公里越野赛，尽管我每次都包揽倒数第一，但我找到了"依然年轻"的自己。在用热情点燃的炉火中，我焕发了青春的活力。

学生刚认识我时，在作文中这样写道："教我们写作的老师是一位个头不高，头发花白，牙也掉了几颗的小老太太。"可学生毕业时却拉着我的手说："孙老师，您比我们年轻人还充满激情。跟您比，我们倒显得老了。"

二、笑对生活

人生是一串由无数小烦恼组成的念珠，达观的人是笑着数完这串念珠的。生活就像一面镜子，你对它笑，它也对你笑，你对它哭，它也对你哭。诚然，我们生存的世界并非尽如人意，在人生的旅程中，我们曾是"困难时期吃过糠，"文革"时期下过乡，竞争时代下了岗"的"倒霉蛋儿"，曾遇到过这样或那样的无奈：望子成龙心切，可孩子却不争气；本早已够了晋升条件，可却几次因"僧多粥少"被挤了下来；刚刚得到了自己想得到的，可不想得到的竟又接踵而来……面对这些，我们有充足的理由悲伤和痛苦，可以破罐破摔，借酒消愁，但到头来只能"借酒消愁愁更愁"，受损失的只能是我们自己。

著名作家伏契克有句名言："应该笑着面对生活，不管一切如何。"笑对生活，就不要钻牛角尖儿、系死扣儿。可以得到的珍惜之，不能得到的暂弃之。就要学会从名利中解脱出来，维持一个人生命的是事业，名利只是过眼云烟。生命只是一个过程，赤条条来，赤条条去，真正的财富是健康的身体，真正的价值是为社会做了些什么。笑对生活，就不要奢望太多，要珍惜自己拥有的，从中挖掘出满足、信心和快乐。笑对生活，就要换一个角度看自己。在一次文友聚会上，有这样一个场面：70岁的老作家对80岁的老朋友说，我比你年轻多了。而60岁的编辑得意地对70岁的老作家说，在你面前我还是个毛头小伙儿呢，而我则对他们说："同你们比起来，我只是个少先队员喽？"说着大家都开怀大笑起来。俗话说：笑一笑，十年少。"看看我们身边的同龄人，乐观主义者肯定要比悲观主义者年轻得多，笑对生活的肯定要比整天哭丧着脸的人年轻得多。

三、不断"充电"

要使手电能永远发出光亮，就得不断地给电池充电。我们要永葆青春，也要不断地给自己充电，用新的、深刻生动的内容充实自己的每个瞬间。用知识不断充实自己，智慧和才华更能表现出年轻和活力。学会不断积蓄漂亮的羽毛，才会永远保持青春的魅力。

我也曾怀疑自己是否还能再变年轻，别人劝我学电脑，我摆摆手说：岁数大了，打死我也学不会了。可当我在6级英语的考场上，看到有一位70多岁戴花镜的老人在认真答卷时，我被深深地触动了。于是我开始像小学生似的坐在电脑桌前，并悄悄地和年轻人进行学习竞赛。一年来训练的结果连我自己都感到吃惊。重要的不是我学会了用电脑打字，而是那清脆悦耳的敲击声让我发现自己还年轻。在追求中我进一步悟到了年轻的真谛：只要还有追求，心就不会老。

当然，随着岁月的流逝，我们会变成"老奶奶""老爷爷"，头上的白发会逐年增多，脸上的皱纹会逐年加深，但我们脸上起皱纹，心灵却不能起皱纹。有理想，才有奋斗的目标；有追求，才有青春的脊梁。要想永葆青春，就得求索不止。也许最终也摘不到我们理想的硕果，但在人生的路上我们却会留下深深的脚窝儿。钓鱼者付出了一天的等待却一无所获，当他提着空鱼篓回家时却留一路欢歌。他说："鱼上不上钩是它们的事，关键是我们已钓到了一天的快乐。"事实说明，"盘腿打坐"求长生不老者，结果只能消耗生命；不断充电拼搏进取者，却生命常青。因此，生活中我们可以放弃很多，但不能放弃理想和追求。正如那篇散文《青春》的作者告诉我们的："无论什么时候，如果你心中的天线倾倒，你的灵魂被玩世不恭的积雪和悲观主义的冰凌所覆盖,那时即使你20岁也会变老;如果你的天线始终挺立,捕捉着乐观主义的电波,那么你就有希望在80岁谢世时仍然年轻。"看来,人可以老当益壮,也可以未老先衰——关键不在岁数,而在创造力的大小和自己的心态。我想,这就是永葆青春的秘密。

朋友们,我们不必悲观,也许鲜花失去了光彩,但果实更加艳丽。林海雪原里,松柏永远年轻;鼓乐队里,号角永远年轻。只要我们永远保持一种年轻的心情,那么,我们也会成为一道美丽的风景。

(孙玉茹)

因为百合花长到田里

我当知青那地方，景观极为单调，倒是有一种红花的百合，开在田野里，开在草原上。美丽的百合花，伴在耕作人的左右，使乏味的劳动生动起来了。铲地时，为了不让锄头伤了百合，我要多费不少力气和时间。每每回首，为经我保护而开着的花朵自得。然而，我挨了批评，原因是地铲得不干净，留了许多百合花。我自恃有理，"百合不是花吗？"队长生气了，"花又咋的！在花园里是花，长在庄稼地里，就是草。谁让它长错了地方，以后，不论什么长在不该它长的地方，就该铲。"

"不论什么，长在不该它长的地方，就该铲"，这因为委屈而牢记的话，后来却给了我许多启迪。麦苗长到花丛，就是杂草；百合在公园里得到呵护，生长在农田里就要被铲除。是因为长的不是地方，位置不对。看来位置是极为重要的，应该时时提醒自己：注意位置。是百合，是麦苗，是小草，有时并不很重要，长对了地方，都是有用之物，位置不对，才成了废物。当元帅，当士兵，当农民，并不关键，关键是该当元帅的去当元帅，该当士兵的去当士兵。

该当元帅的想当士兵，该当士兵的硬要当元帅；该当元帅的当了士兵，该当士兵的当了元帅，对自己对社会都是悲哀。

明熹宗朱由校，把大明弄个乱七八糟后，交给崇祯，让崇祯当了亡国之君。明熹宗这皇帝，那边是赤地千里，饿殍盈野，他却整天泡在木匠房子里，推刨子。他确实有一手极好的木工手艺，能当个挺好的木匠，可他非当皇帝。结果糟蹋了一个再世鲁班，更害苦了亿万百姓。如果让赵佶老老实实地画画，让李煜专心去写诗，让路易十六研究锁，人间定会少去许多不幸。

人与百合不同，"人挪活"，人可以主动调整自己，可以寻找更适合自己的位置。孙中山、鲁迅、郭沫若原来都是学医的。当个优秀医生，固然很好，但他们发现，改变一下，适应时代需要，自己能够为改造中国社会作更多贡献时，就放弃了原来，改变了自己的位置。如果他们坚持从医，中国的社会就会少了三个伟人。

是百合应到花圃里去，是小草就别往麦田里挤。不是帅才，当士兵也挺好；是帅才，也不用挺着做小兵。"天生我材必有用"，知道自己是什么"才"很重要，也很难。年轻的朋友，静下心来，先想想自己是什么，然后再出去做什么。

（张港）

把烦恼抛在身后

有首叫作《今天我很烦》的歌曲,曾经很流行,特别是在一些年轻朋友中激起了共鸣。是呀,"月有阴晴圆缺,人有旦夕祸福",滚滚红尘,"不如意事常八九",能不让我们烦吗?烦恼就如同我们的影子,常随左右:人家眉清目秀,而自己却偏偏长了个"绿豆"眼睛,能不恼?人们常说健康是福,而自己却身患疾病,能不烦?人以和为贵,而他人又总是与自己"作对",从而和人家总也搞不来,能不怨?他人左右逢源、"平步青云",而自己老是"原地踏步",能不恨?好不容易处了个对象,对方又突然提出"吹灯",焉有不苦恼之理?诸如此类,足以将我们埋进"灰色的情调里",甚至还可能会让我们整个一生都不快活。

的确,烦恼是人类快乐的天敌,它会影响人们的思考能力、工作效率、身体健康及至人生幸福。烦恼,就如一个睁大着双眼的恶魔,时时都在伺机吞食我们;烦恼,就像火苗,如果不想法扑灭,就可能引发火灾,既伤害自己,也灼伤别人;烦恼,就像一条无形的毒蛇,如果任其肆虐,不仅会咬食人们的信心、勇气和坚毅,而且也会吞噬一个人的青春、活力和智慧。

楚汉相争时，项羽叮嘱大将曹咎要坚守城垣，切勿出战，只要坚持15天就是胜利。孰料，项羽刚走，刘邦、张良就在城下来了个"骂城计"，派人日夜辱骂曹咎，什么词难听就拣什么词用，什么话难堪就挑什么话说。这简直让曹咎烦透了！于是，怒火中烧的曹咎带兵杀出城门，没想到即刻就中了汉军的埋伏，很快就全军覆没了。这就是所谓"急则有失，怒则无智"。所以古人云："怒不可以兴师。"而周瑜的悲剧则更为典型，他仅仅让诸葛亮来了个"三气"，就金疮迸裂、含怒而死，说起来真让人千古扼腕、痛惜至极。

其实，对有的人来说，烦恼缠身，是他自己找来的；而对另外一些人来说，烦恼再多么顽固，再多么地作恶多端，却也会让它无法靠近。

大音乐家贝多芬双耳失聪，他却把这一烦恼弃之一边，而把保存在他心中的那份对人世间美妙的感觉，化作了传世的佳作。大音乐家柴可夫斯基曾经经历过极其悲哀的婚姻，这种痛苦的体验几乎让他自杀，但他却很快从这种痛苦中解脱了出来，于是就有了不朽的《悲怆交响曲》。在许多年前，有个年轻的律师，陷入了极度的痛苦和绝望之中。他的家人和朋友也不得不将他所能接触到的刀具收藏好，以防不测。但这个年轻律师最终并没有陷入烦恼的困扰中，后来还成了卓有建树的美国总统。这个人便是林肯。达尔文的进化论改变了地球上生命科学的基本概念，殊不知，他却是一个残疾人。

达尔文曾经对此有过一段精辟的论述:"如果我不是及时摆脱残疾的烦恼,也许不会做到我所完成的这么多的工作。"

无数事实表明,许多有所作为的人,正是因为他们极力地摆脱了各式各样的不可名状的挫折和烦恼,振作起来,并以此作为通往胜利的起点,同时积聚奋起的强大动力,努力挖掘自身的潜力,从而把不曾意识到的才干、智慧和毅力,充分地开发出来,进而化"腐朽"为"神奇",最终才取得成功的。

这不禁让我想起了这样一则故事。曾任英国首相的劳伦·乔治,在和朋友散步时,每经过一道门,都要随手把门关上。

"您可以不必关门。"朋友微笑着告诉他。

"哦,是的。"乔治若有所思地说,"我这一生却始终都在关我后面的门。要知道,当我把门关上,也就将烦恼留到了后面。这样,我就能轻松前行。"

乔治的回答似是答非所问,但细细品味,它却蕴含了深刻的人生哲理。不是吗?"随手关门",能让我们摆脱厄运,走出困境,使我们的人生身处绝境而能化险为夷。

前不久,我读到了这样一则报道:有一个老者过马路时,不幸被汽车撞倒在地而丧命。可这个人的验尸报告上却说,他患有肺病、溃疡、肾炎和心脏衰弱等多种疾病。而让人惊叹的是,他竟然活到了84岁。为他验尸的医生也感到不可思议:"这样一个全身都是病的人,按他的身体状况而言,30年前他的家人就该为他操办丧事了。"

于是，有人向死者的遗孀讨教其中的奥秘，是什么原因使他活了这么久？她说："我的丈夫从不让那些不健康的情绪困扰自己，所以他很少有烦恼。每次一遇到不幸或苦恼，他总是设法让自己坚信，第二天一定会过得比过去更好。"

在我的家乡有个老婆婆，今年虽已82岁高寿，但仍然思维敏捷，身体硬朗。可意想不到的是，她的人生之旅却充满坎坷：青年守寡，壮年失子，63岁时还身染重病。面对种种烦恼和不幸，他不仅坚强地挺了过来，而且还生活得有滋有味。原来，她自有她对付烦恼的"绝招"——"关闭炉门"。在她的房间里摆着的煤炉，并不用来烧饭，而是让其履行特殊的"职能"。老婆婆告诉我，她把烦恼想象成黑炭，每当烦恼光临，就捡起一块炭丢进炉中，关上炉门，然后想象着烦恼统统都被熊熊烈焰烧成灰烬。她说："这样做了以后，我便有了一番好心境来开始我的新生活。"

有人把烦恼和快乐做了这样一个生动形象的比喻。在吃苹果时，一口咬下去，发现苹果里有一条虫子，人们会作出什么反应？有人庆幸：还好，没把虫子吃进肚子里，其实就是吃进了肚里，也没有什么了不起，说不定还有营养；有人窃喜：据说有虫子的果子都是最甜的，这可让我"中奖"了，这个苹果的味道真还不错哩；也有的人却痛苦不已：想吃个苹果吧，怎么就偏偏会是个有虫子的呢，我怎么总是这么倒霉；还有的人则更是担忧：哎呀，以前是不是有虫子已经让我吃进肚子里了呢，那样可容易得病！于是，他越是这样想，就越是觉得自己已经吃进了很多很多的虫子，使本来没有病的他竟也真的闹出了病。无疑，"庆幸"的人和"窃喜"的人，他们的人生一定会很幸福；而"痛苦"的人和"担忧"的人，则永远只能和烦恼为伍。

这则比喻很是耐人寻味，它给我们许多启迪。

如何能够让我们远离烦恼，关键的是要有个好的心境和科学的态度。不是吗，世上有那么多的山珍海味，我们如果把粗茶淡饭做出花样，仍然会吃得有滋有味；街上跑着那么多豪华气派的小轿车，而我们虽然只骑着自行车或者安步当车，这样很好，既自由自在又可以活动筋骨；当他人住在客厅有会议室大的套房里，又何必去嫉妒？只要自己的家是个"温暖的小屋"就已足矣；当身处逆境时，我们多想想那些比自己更不幸的人们，就可以感受到属于自己的那份人生幸福的满足和体验；当我们的奉献和付出，觉得似是没有得到相应的回报时，如果多去想想那些死去的先烈，便会觉得自己的奉献和付出竟是那样的微不足道；当我们为境遇之"恶劣"而大伤脑筋时，多想想那些在生死线上正在顽强地抗争的人们，我们暂时的困难又算得了什么呢……这样，我们就能够轻而易举地将烦恼关在门外。事实上，只有那些善于从烦恼中淡出的人，才能真正地享受到人生的乐趣。

面对厄运，我们要能及时地"关门"（其实，这种厄运，也并不是人人都会碰得到的）；而对于那些小小的"不幸"，我们同样也应当学会"关门"。要知道，能够勇敢地抗住厄运的光顾，也正是从对付小小的"不幸"开始的。

　　我和朋友一起出差，在途中朋友不慎将包搞掉了，钱包和高档相机都丢失。更令他心疼的是，他多年来利用业余时间花费了大量心血准备的参加考研的一些珍贵资料也被弄丢了。你想他能不着急吗？他一下子脑门儿汗都冒出来了。可没一会儿工夫，他却平静如水。看我们替他急得不知所措的"现场直播"，他反倒哈哈大笑起来。我们不解其故：真是的，他还在乐呢，好像丢东西的不是他！我们替他"烦"，他倒成了与之无关的局外人。于是，我便生气地对他大声喊道："你这个家伙是不是脑子有毛病？钓鱼的不急，背篓的却在那儿一个劲儿地干着急，这算是哪家子的道理？"没想到朋友的回答却让我啼笑皆非："留得青山在，何愁无柴烧？我不乐你还想叫我哭吗？难道我一恼，问题就解决了？难道我一恼，丢失的东西就找到了？"事后细细地回味，朋友的话的确也不无道理。不是吗？东西反正也不见了，都是无济于事的。否则，只能是火上浇油，丢失了的东西不仅找不回来，反而还损失了一份好心情，这叫"赔了夫人又折兵"，怎么也是不合算的，还不如心平气和，保持一个良好的心境，兴许还能采取一些补救措施，或许还能"亡羊补牢"呢。

　　烦恼并不可怕。我们只要善于做到"随手关门"，就能及时地把烦恼抛给昨天，就无须负重，而是轻松地走出生活的迷途，从而笑傲人生，洒脱地走向幸福快乐的明天。

我们应始终记住的是，人生旅途中的"随手关门"，绝不是一个可有可无的动作而已，而是一种超脱的人生境界，是一种折射出积极向上的人性光辉的生存智慧。

（张石平）

用宽容赢得友谊

有一位战士骑车上街办事时,一个骑车姑娘从他身边匆匆驶过。当她要超越拖拉机时,正好前面来了一辆汽车,她为躲汽车不得不向右去,结果撞到战士的车上,自己摔倒了。她双手抱着受伤的腿,一脸痛苦状。撞车的责任本来不在战士,但战士还是下车去扶她。谁知她愤愤地说:"当兵的,抢死呀!"这个战士无端受辱,十分不满,但见她受了伤,就没有计较她的态度,要扶她去医院。战士为她交了医疗费。看完病后,她却不叫战士走,叫他负责到底。这个战士有急事去办,只得掏出身份证,让她记下姓名地址,又把随身带的60元钱交给她,才离开。开始时,战士觉得自己有点窝囊,但他还是忍着不与受伤的姑娘"较真儿",憋着一肚子气把事情做完,以求得息事宁人。过了一周,这个战士意外地收到了姑娘寄来的60元钱和一封表示愧疚的检讨信……

在这里,这位战士的宽容行为并非完全出于自觉自愿,但是却触发了姑娘的良知,引起她的自责,并勇敢地纠正自己的过失。由此我们不难看到在人际交往中,对人施以宽容的必要和积极作用。

不自愿的宽容做法尚且如此，有意识的宽容态度那就更具魅力了。作家欧阳文彬与戴厚英原本是好朋友。"文革"开始后，欧阳成了革命对象，进了牛棚，戴则是造反派，积极参与对欧阳的批斗。在批评会上，戴对欧阳无情挞伐，把她所有的文章都批成毒草，进行彻底否定。从此，她们成了"敌人"。但是，欧阳并不因此而记恨戴厚英。当她被"解放"后，两个人又恢复了友谊。再后来，戴被打成了现行反革命分子受到审查，欧阳依然把她视为朋友。有些人疑惑不解地说，欧阳怎么不恨戴？欧阳对人说，她过去整人，是当了别人的"炮筒"；后来她被整，促使她重新审视自己走过的道路，她现在对我友好是出于真诚，这还不够吗？

不难看出，她们由朋友到"敌人"，再由"敌人"到朋友的过程，是欧阳的态度起了重要的导向作用。她宽容大度，不计前嫌，感化了对方，消除了隔阂，修复了友谊。如果不是这样，两个人恐怕就会分道扬镳，也就没有后来的友谊了。在这里，我们再一次体会到对人施以宽容的独特魅力。

从上述事例可以看出，宽容大度的行为不仅有助于塑造自己良好的交际形象，而且是征服人心、化解矛盾、优化人际关系、创造和谐美好的人际环境的有效手段。然而，从实际情况看，在发生矛盾的情况下要做到宽容并不是一件十分容易的事情。对人宽容常常以容忍对方的失误、失礼为前提，同时伴随着压抑个人性情、强忍屈辱的痛苦。因此，要想做到宽容对人就必须提高思想觉悟，加强

道德修养水平,同时还要掌握一些自我心理控制的方法。下面介绍几种自我心理调节的方法,供参考:

1.有意识淡化矛盾,放弃对抗心理

在人际矛盾中能不能对人施以宽容,与如何判断对方的动机有关。如果我们把对方视作敌人,那么势必难以容忍,在言行上就会按照对待敌人的方式行事,事事处处看对方不顺眼,说刺激的话,做对抗行为,进而使矛盾激化。相反,如果我们不因矛盾而改变对彼此关系性质的看法,不把对方想得那么坏,依然视对方为朋友,不过分计较其不友好态度,那么自己的言行就会少刺激性,多亲善性、宽容性。简言之,如果把对方看成敌人,对方肯定就会成为敌人;如果把对方看成朋友,对方就可能成为朋友。

因此,矛盾一旦发生,我们不妨把对方的冒犯看成是一时冲动,是不经心的失误,那样我们就会淡化矛盾,并自觉放弃对抗心理,为选择宽容,奠定必要的思想基础。

2.试着为对方开脱,释放心中怨气

面对矛盾,我们还可以站在对方的角度想一想,试着为对方的失误"开脱"一番,尽量为其不当行为找到合理性、客观性,这样做能有效地减轻自己心理上的怨恨,为失衡心理找到新的支点。在例二中,欧阳对于戴的行为不予记恨,就是把对方的错误做法归结为形势所迫,并非主观使然。如此为对方的不良行为开脱,也就使自己内心的怨气化解了,进而采取宽容和谅解的态度。

再举一例,有一高中生入伍后,很傲气,对人瞧不起。他的班长是少数民族,文化低,但责任心很强。起初这个高中生战士体质差,训练跟不上,班长就给他开小灶,帮助他,但他并不理解班长的好意,还顶撞班长,说:"你肚里有几滴墨水?凭啥管我!"把班长搞得很难堪,班长在心里说服自己:他年龄比自己小,经历少,不成熟。这样想问题,班长就很容易地原谅了他的错误,依然耐心地帮助他。后来,这个战士调到了机关。班长退伍离开军营前,去找这个战士告别,送给他一个日记本。这个战士回到宿舍打开一看,里面记的全是他在新兵连时的训练情况,还有帮助他赶队的计划。他被感动了,他再也不能无动于衷,立即追到车站,一头扑到班长的怀里,说:"班长,我对不起你。"此后,他每月给退役的班长写一封信,汇报自己的情况,两个人建立了很深的长久的友谊。

在此例中,班长面对不友好行为,同样采取了为对方开脱的方式,从而有效地淡化了自己心头的不快,实现了心理平衡,为自己选择宽容找到依据,最终以宽容姿态赢得了友谊。

3.运用求异思维,换个思路想问题

一般说来,人们遇到不公不敬时,直接的心理反应是对抗、不满,甚至一触即跳。这种惯性思维方式每每导致不良的结局。因此,遇事时我们应脱开惯性思维方式,不妨进行求异思维,从事情的另一面想一想,也许可能找到支配自己变得宽容的理由。著名教育专家魏书生讲过一件事:有个人在背后说了他不少坏话,同学们为此愤愤不平，对他说那个人太对不起你了，你应找机会教训他一下。魏听后笑了，说："不是他对不起我，是我对不起他。"同学们愕然。他解释说："由于我的存在，让他浪费了不少细胞，花费了不少心思，说这讲那。如果没有我，人家会省心安神得多，这不是我对不起他吗？我不但不能怪罪人家，还要请人家原谅呢。"过了一段时间，那个人听说了这话，被他的宽容大度所感动，主动向他认了错，两个人成了朋友。

由此可见，求异思维有时对化解自己心头的积怨，对他人采取宽容的态度有一定积极意义。这样做不但可以安抚自己不平的心，而且可以对对方产生感化的作用，有助于改变对方的不良言行，进而使彼此关系形成良性互动。

（高永华）

登高望远，
思索的分量才重

面对生活，你是愁还是笑

人生是曲折、复杂、多变的过程，酸甜苦辣咸，喜怒哀乐忧……构成了人生的内容。因此，在人生道路上，几乎没有人能一帆风顺、处处畅通。要说有，也是极少数的幸运儿。大多数人，包括英雄伟人、凡夫俗子，往往是逆境多于顺境。如下岗、失恋、离婚、社会政治风云、人际纠葛、天灾人祸等，都要经受艰辛和磨难，都会遇到困惑和失落。这些痛苦，在每个人身上都有不同程度的存在。所不同的是有的人面对这些是愁，有的人面对这些是笑。

"愁一愁，白了头。"愁是不解决问题的。爱愁的人，既不能战胜自己，更不能战胜外界，把逆境看得过重，一切都变得黯然失色，一切都感到百无聊赖。甚至认为现实生活与理想憧憬相去太远了，常常忧心忡忡、精疲力乏、遇事消极对待、抱怨生活、自我颓废、一蹶不振，把自己编织在囚笼之中，一路喊着"完了"。从此，就逃避现实生活，渐渐地沉沦下去。

如众人皆知的伍子胥过昭关，由于愁眉苦脸、情绪紧张，一夜之间头发胡子全白了，这样行吗？再如亡国之君、"词坛盟主"李煜，只知在月落乌啼中浅唱低吟南唐耻和亡国恨，愁如"一江春水向东流"，把英雄浩气全泼洒在梦中、词中、泪里、酒里，这又有何用呢。

纵观历史，常见一些有才干的政治家，事业顺利时尚志高气盛，一经挫折便成了落汤鸡。要么心灰意冷，失去早年勃勃英气；要么精神沮丧消沉，病死于贬所（地）；要么完全陷入绝望的深渊，很快就自己断送了性命，这岂不悲哀吗？

"笑一笑，十年少。"这里的笑，不是痴笑，也不是傻笑，而是身心健康的笑，它是解决生活中一切问题的最佳方法，也是做人与处世的基本要求。因为，笑是在逆境面前坚守自我，泰然处之，真诚面对，认为没有逆境生活血液里就生长不出抗争的细胞。笑是一种积极思考，它能使你审时度势地选择自己的坐标和去处，争取机会，摆脱逆境阴影。笑是一种成熟，是一种有信心的表现。只有笑对生活，才会柳暗花明，才会给生命赋予希望的火花，才会走向阳光灿烂的日子。

著名作家伏契克有句名言："应该笑着面对生活，不管一切如何。"如曾名扬四海的"体操王子"李宁，有一次从鞍马上掉下来，尽管他失去了获得金牌的机会，心情是不好的，但他却没有表现出颓唐的样子，反而一笑。当时有的观众批评他：失败了还笑，真不像话！我想，失败了，为什么不可以笑呢？难道非要在台上痛哭吗？人们常说："胜败乃兵家常事。"一个人把一时一事的失败看得过重，就容易一蹶不振。若能放下心里包袱，笑着面对，应该看作是一种有信心的表现，是强者的姿态。

再如爱迪生，一生失败的次数最多，就在他67岁高龄时，一天夜里，实验楼忽然起火，不幸把他多年费尽心血搜集的宝贵资料，统统烧成灰烬。他的老伴为此痛哭失声，而爱迪生反而笑着安慰老伴儿说："不要紧，别看我67岁……"果然，第二天他便投入紧张的研制工作中。当记者问他获得成功的秘诀时，爱迪生意味深长地说："很简单，无论什么时候，不管碰到什么情况，我决不允许自己有一点儿灰心丧气。"由于他笑着面对生活，发明甚多，被称为"发明大王"。

总之，人生是一个漫长的过程，逝去的风景，都不必过分在意，要紧的是面对生活现实，不管是百花盛开的春天，还是寒雪纷飞的冬天，都要笑。因为生活像一面镜子，你对它笑，它也对你笑，你对它哭，它也对你哭，而哭是没用的，应该在笑中不断设计新的生活蓝图，朝着太阳奔跑，获取快乐的有价值的人生。

（沈道一）

登高望远，
思索的分量才重

带着野心上路，
西部汉子闯荡上海滩

2001年5月3日早晨，记者如约采访了回老家处理业务的黄飞鸿，这位由大学生、小老板到打工仔，再到百万富翁的西部汉子。他谈起自己的坎坷经历，不由让人肃然起敬。

初办公司差点跳楼

我毕业于西安一所名牌大学，读大三的时候就有了属于自己的电脑、手机和出入消费场所的零花钱，我这些都是凭本事挣来的。我曾推销过保健品、电脑软件，还偷偷承包过学校附近一家卡拉OK厅。毕业时，我的存折上已有了5位数，还有了不小的人际关系网。毕业后我放弃了父母在银川为我安排的坐机关的工作，决定留在当地开公司。

1995年秋，我多方集资，和表妹一起开了家电脑公司。原以为自己是学金融的大学生，做个小老板绰绰有余，可不久我便发现，做生意远没有想象得那样简单。记得公司开张之初，为提高知名度，我又是请大学的领导捧场，又是请新闻记者助兴，的确热闹了一阵。可一阵风过后，我的小公司却莫名其妙沉寂起来。后来我亲自到一些大单位公关，可这些单位不是已有固定的供货关系，就是人家嫌我的公司小，对产品质量和售后服务等持怀疑态度，所以我的公司业务始终不见多大起色。

我和表妹商量决定拉住一批小单位，想积少成多，照样能把业务做大。不久经朋友介绍，得知一家私营公司说要进十五六万元的货，但因资金周转有困难，只能付50%的款，剩下的一个月后结清。见这单生意数目不小，又有朋友担保，我未加考虑就同意了。然而一个月后，当销售小姐去结账时，每次不是被保安挡驾就是老板不在。她们好不容易找到那位老板，对方又以各种理由搪塞。其间我不断向朋友施压，几次差点闹翻脸，但最后还是有6万元货款成了死账。

更令人沮丧的是，不久在进一批电脑配件时，因自己验货过于马虎，竟进了一批次品，又损失了3万多元。接二连三遇上倒霉事，再加上生意惨淡，仅仅运作了半年，我的小公司就到了四面楚歌的尴尬境地。

就在这时，在西安电影制片厂工作的舅舅提供的一条信息又使我精神一振，北京中关村一家大公司的老总到西安旅游时，偶然向有关部门透露，他有意在本市打开自己公司生产的一种先进的电脑软件的市场。我连忙让舅舅托关系和这位老总见了面，又使出浑身解数，终于说服他将这一业务交给我。哪知人算不如天算，第二天见面时，这老总忽然又变了卦，他说："小伙子，实话说吧，我若把这项目给你，担的风险太大了。"这件事对我的打击很大，当时我甚至产生了跳楼自杀的念头。我这才明白，当老板看似轻松潇洒，其实并不是件容易的事，自己在大学时期积累的那点经商经验，在社会大课堂无异于杯水车薪，想到这儿，我和表妹果断商量，将公司关了，先各自去应聘自己感兴趣的单位。

同员工告别时，我端起酒杯哭了。我说对不起大家。我又当场发誓，我要到南方大都市去"留学"，等自己充完电后一定卷土重来。

街头拉单苦中摔打

1996年春天我去了上海，几经辗转，平安保险公司接纳了我。那时保险公司的拉单者是市民的排斥对象，尤其是在上海。许多办公室，甚至住宅区门口都在醒目位置挂着牌子：直销、保险禁入。

就在这种情况下，我走进了保险业的门槛。每天起床后我拎着包穿行于上海的大街小巷，向所有人宣传着保险。在延安路一家大型超市门前，我向两位穿名牌时装的中年妇女推销保险，没想到一搭话人家就杏眼圆睁：你这人有神经病呀，快走。

在西郊一家公司，我斗胆敲开了老板的办公室，老板抬头看到我这个手提公文包的陌生人，脸色好像阵雨前的天空。我恭敬地双手递上名片，他却看也不看把它推到一边，没好气地说："谁让你进来的？你们搞推销的还让人喘口气不？！"我一下瞠目结舌，刚想解释，这位老板对我怒目而视，用手指着我说："你这人脸皮真厚，出去！"我就这样被他轰出了门。站在人来人往的走廊上，我觉得自己就像一只落水狗。

接连碰壁后，我改变了营销策略，开始尝试着以情引导。一次同事小白打听到，某民营企业的李主任准备为孙子买份数额不小的保险，但因这人平时太忙脾气又有点古怪，她去了几次也没能如愿。她激我说，如果你有胆量的话，不妨去攻一下这个堡垒。听了这话，当天我就赶了过去，没想到一接触对方就发了火："你没看到我正忙着呢吗，哪有工夫听你白话。"

回来的路上我暗暗发誓：一定要啃下这块硬骨头。两天后机会终于来了。我打听到，"五一节"晚上李主任在单位值班。那天，吃过晚饭后我匆匆赶到工厂，办公室里只有主任一个人。他一见我先愣了片刻，随即乐了："真佩服你，节假日晚上也不让人休息。"他的态度让我如释重负："今天我不是跟您谈工作来了，是专门陪您解闷的，您就是轰我我也不走。"

主任爽朗地笑着说："你这个倔脾气，跟我年轻时一个样，今天咱俩就好好聊聊。"那晚我们聊了很久，当他听说我毕业于一所名牌大学，又开过公司时，不由瞪大了眼睛，连声说："好样的，以后有啥难处，尽管来找我。"那晚我不仅顺利地拉到了来上海后的第一张保单，此后经他介绍，还交了不少新朋友。

后来一位女老总的女儿遭遇了意外车祸，我马上赶到医院看望小姑娘，并真诚地安慰那位女士说，您是李主任的朋友，也就是我的朋友。您尽管安心为孩子治疗，理赔的事交给我好了。尽管当时她并不是我的客户，但事件解决后我们真的成了好朋友，她公司的职员也成了我的朋友，后来有十几个成了我的客户。做保险的辛酸是常人难以理解的，在烈日下奔走，在风雨中穿行，蚊叮虫咬，受辱受折，个中滋味简直难以言表。可喜的是，在近乎残酷的激烈竞争中，我逐渐被摔打成了一个百折不挠的成熟男人。不到一年时间，自己就成了平安保险公司的王牌业务员，每月能拿到一万多元红包，更得到了老板的赏识。

在合资公司"炼"成了真正的老板

人的命运有时像天空的云，真是变幻莫测。1997年初，我做梦也没想到，自己在保险公司走红时，会引起一家猎头公司的注意，并最终被挖到了浦东一家中德合资企业。

这家企业实力雄厚，主要生产和经营纺织、化纤类产品。最初我被安排搞文案，但不久却接到了一件意想不到的差事，到一家公司去追款。谁都知道如今的三角债是非常难要的，果然，我一次次信心百倍地出去，又一次次蔫头耷脑地回来。怎样才能完成任务呢？

忽然一个近乎恶作剧的想法在我的脑海中产生了。

第二天，我去街上雇了二十多名民工，马夹上写着讨债两个大字，在那家公司门前排起了一条长龙，引得行人驻足观看。保安看到这阵势，赶忙跑过来干涉，双方争执不下，保安只好向老总汇报。没想到这老板挺横，不仅不给钱，反而打电话让警察来抓人。巡警了解情况后，见民工们并没有什么过激的言行，一番劝慰后只得走人。就这样，排队行动一直坚持了3天，对方实在无法忍受了，只好结了那笔300多万元的货款。事后主管笑着称这是中国式幽默，并随之将我调进了公司十分看重的营销部。

真正引起公司上层对我重视的，还是1998年在广交会上的那次参展。当时我和公司一位外籍副总带了一批被日本市场看好的沙袋参展。不料到广州的第二天公司有急事，这位副总被指派去了香港，只好由我来负责这件事。紧锣密鼓地布展后，我一时心血来潮，信步到别的摊位转了转，这一看便傻了眼，整个展厅同样产品的供应商竟有七八家之多，最近的一家距离我们只有十几步之遥。群雄逐鹿的严峻局面已形成，我一边稳住心神，一边不停思考。

开幕后的四天里，稀稀拉拉接待了几批日本客户，他们非常喜欢我的样品的质量，但一问起价格，他们扭头就走。与公司商量后，我及时把价格做了调整，保持微利，不久一个叫渡边的客户在我的展位前停了下来，我们进行了近一个小时的洽谈后，一下子点燃起了我的希望之火。但这是位精明的商人，他不仅亲自用尺子精确量了沙袋的尺寸，甚至还抽出塑料扁丝测试了强度，然后吩咐他的女翻译把我报价的全部内容详细记录在案。未了，他向我提出了两个不算苛刻的要求：一、要我给他一份正式打印好的报价单；二、提供每十条一捆，每百条一包的沙袋包装照片。他说第二天来取。

我马不停蹄地忙碌开了，先请人打印了一份整洁美观的报价单，接着打电话叫工厂连夜加班打包装拍照，我告诉工厂次日将实物派人坐飞机直接送到我的摊位上来。我知道我的沙袋的价格不占优势，但以勤补拙，或许用我严谨的商业作风和高效的工作能获得客户的认同。

渡边如约而至，我精心备好的资料使他惊喜万分。当看到沙袋包装实样时，他一边掏出相机照个不停，一边不由自主在发出"哟西""哟西"的赞叹声。此时我以为水到渠成，他会提出订货意向，哪知渡边叽里呱啦讲了一通之后，女翻译嫣然一笑告诉我："渡边表扬你哩，你前期工作做得不错，但是否与贵公司订货，我们还要转转再说。"

渡边是个"老油子"，我猜想后几天他们肯定会在相关的摊位频繁地穿梭，周旋压价。果不出所料，一天，渡边的那位漂亮翻译款款前来，朱唇微启："黄先生，我们对贵公司各方面都比较满意，只是价格略高了些。"她将两张写在便笺上的报价摆在我面前。我飞快地扫了一眼，同行的报价低得令人咋舌。我沉住气对她说："按新资料做这活儿肯定亏。据我所知，国际市场原料已有上涨的迹象，况且，日本客户对质量很挑剔，无端的降价只会以降低质量为代价，我不想我们的头次合作给双方留下不愉快的印象。"听完这话，小姐无奈地摇摇头说："如果这样的话，我们向贵公司订货的概率可能就不会很大了。"

为期两周的广交会在忙乱中飞逝而过。在最后的一天里，按规定在下午五点撤馆。除了广州的代表外，不到三点，人们就归心似箭，开始收拾样品。看到自己仅签了几个小单，我的心里酸溜溜的。可在我要撤掉展位时奇迹发生了，不知何时渡边已站到了我的身边，他让翻译小姐告诉我说："这几天我们接触了不下十家供应商，唯有你认真快捷地满足了我们的前期要求。同时你的坦诚、敬业精神和处变不惊的能力也感染了我们。敝商社选择合作伙伴，不但看重价格，更看重商业信誉。所以我们决定把订单给你。如果你对合作无异议，请签上大名。"我睁大了眼，细读了合同，订货条件与我当初提出的报价单内容毫无二致，而且数量整整八百万条，够工厂忙活半年的。

打工期间，我始终要求自己把工作做得严谨细致，大到促销策划，小到样品布置，就连平时寄给客户的信封都做到没有一丝折痕。在这一年多时间里，我不敢说我的存在为公司增添了色彩，但至少可以说自己投入了全部的身心。仅从老板不断给我加薪这一点上，就能看出自己的价值已得到了上司肯定。

更可贵的是在公司"留学"期间，我从上司和同事那里学到了好多东西，如如何抓质量管理、如何与人谈判、如何激励员工等等，真是获益良多。1999年，我离开这家合资企业，在朋友帮助下开了一家小公司，从此开始了自己真正意义上的商旅生涯。此后我的经营理念、营销策略、用人原则等许多东西都源于我在这家企业一年里的所见所闻所感。如今我已是个资产超百万的成熟老板了，想到当年自己毕业时的老板梦，我感慨万千。经商不仅需要资金，业务网络等的积累，更需要有先进的经营理念，而这种无形资产，绝非一个小个体经营主能接触并积累的，你需要将自己置身于一个大的社会层面上才能获得。

（赵光）

你去过最好的学校吗

"为了上大学,我想找份暑期工作。但我不找工厂工作。干工厂工作我能学到什么?"我听见一个中学生对他的朋友说。

除了想纠正他的语法错误外,我还想告诉他,多年前,在我中学毕业前的那个暑假,我从一份工厂的工作中学到了什么。

那是在密执安州大瀑布城的一家油漆厂,第一天上班,厂主的儿子热情地接待了我,还把一些用大铁链吊在头顶上的巨大油漆桶指给我看。然后车间总管说:"康农,我还需要一对悬空挂钩,你到隔壁工段去拿一对好吗?"我立刻就去了。

然而,那个工段根本没有悬空挂钩,我又被派往混合工段,那里也没有。我转遍了全厂的每一个工段。当我两手空空回来时,别人才哈哈大笑着告诉我,其实根本没有悬空挂钩这种东西。工厂习惯用"悬空挂钩"来了解一个新雇工是否诚实。学会接受善意的玩笑这一社交技能,就是我的第一课。

一个新雇工在厂里工作之前,必须先刮掉厂房外边的旧油漆,然后再涂上新的。在炎炎烈日下工作一天后,我带着疲惫的双手回家,认识到人最好的朋友就是自己这双手了。确实，看着工人每天不辞辛劳地拼命干活，我懂得了尊重这些诚实的人们，无论是男是女。

由于没有经验，一开始往厂房外部的砖石墙面上刷油漆时，我简直不知怎样使用刷子和滚筒。我刷完第一面墙壁的那天，附近的工人全都出来称赞我能干，对那天的情景我至今记忆犹新。我懂得了靠诚实劳动换来的果实是所有果实中最甜蜜的。

赶上火车站台上有货到来的日子，工厂就挑出6名工人去卸下那重达50吨的一袋袋原料。我们从早晨7点开始干活，干完后就可以回家。如果大家一起协作的话，下午就没事了。这是一种极好的管理方式。我懂得了众人协作可以把困难的任务变成轻松的差使。

那个暑假，我学到了许多技能和宝贵经验，但我还要提一件事：我记得我反对把一个竞选的宣传招牌挂在我的汽车上。工厂厂长听说后，立刻答应拿掉它。尊重工人，甚至是临时工人，这是良好、公正的企业管理的特色。

我工作的那家工厂叫作"福特油漆清漆厂"，我永远感激为福特父子工作的那次机会。我奉劝那位不愿干工厂工作的小伙子，读读17世纪英国大主教杰里米·泰勒这段格言："假如不劳动，人们就不会有这么好的食欲，就不会玩得这么快乐，就不会睡得这么香甜，也不会这么健康、这么有用、这么顽强、这么坚韧、这么高尚、这么有主见。"

（梁庆春）

善心永远是阳光

她叫钟美。2010年3月的一天晚上,她安顿好4岁的儿子,习惯性地上网浏览。突然一则信息跳入她的眼帘:"我因患绝症不久于人世,特寻找和我相貌相似的女子来照顾我的母亲……"再看看附在后面的照片,居然与自己如同一对孪生姐妹。她心有所动,便按照上面留下的电话号码给对方打了过去。

对方名叫杜雅宁,29岁,原本在四川成都金牛区一家建筑公司工作,家中只有母亲。那天,她回到家,母亲连忙去做她最喜欢吃的南瓜饼。看着母亲迈着生硬的步伐,她心中不禁一阵酸楚。她强行控制好自己的情绪,一把从背后抱住母亲,说:"妈妈,我想问您一个问题:假如一个女儿比她妈妈先离开人世,她的妈妈会怎样?"妈妈不假思索地说:"那她妈妈的天就塌了!"说到这,母亲心头不禁一颤:难道女儿有什么瞒着自己?

心神不宁、一晚没睡好的母亲,第二天一大早就来到女儿住处。看着女儿放在书桌上的一样东西,她顿时两眼一黑,几乎昏厥过去……

原来,从2009年11月开始,每餐饭后,杜雅宁都感到肝部胀痛。那天，她到医院检查，医生告诉她，她已是肝癌晚期，那书桌上放的就是抗癌药。

母亲得知女儿的病情后，一连几天晚上都与女儿坐在黑暗中相拥而泣。让她最为揪心的是，母亲没有了自己，余下的日子该怎么过！她痛恨自己是一个"魔障"，撇下母亲而去，哄了母亲一场。正在她不知该怎么办时，那天，她打开电视，电视里正播放着聊斋故事：狐女要离开多情的书生，在人间找了一个替身……她的心蓦然一动：我可以找一个替身照料母亲哪！

2010年4月10日，即钟美在看到那个帖子的一个月后，毅然来到杜雅宁身边。当杜雅宁看到钟美时，心头不禁一震：钟美活脱脱就是健康时的自己！

钟美比杜雅宁大1岁，也是一个饱经磨难的人。钟美10岁那年，父亲去世了，是做清洁工的母亲含辛茹苦把她拉扯大的。在她20岁时，相依为命的母亲不幸死于一场车祸，她天天以泪洗面。这个时候，一个跑长途的货车司机托人来说媒，情感上无所依靠的她应允了。孩子仅3岁时，货车司机绝情地离她而去，与另外一名女子组建了家庭。因此，钟美最能体会单亲家庭的艰辛，她也是被杜雅宁的孝心所感动。

相似的苦难经历，让杜雅宁认定钟美就是一个善良的女子，相信她照料母亲一定不会比自己差。杜雅宁对钟美说："我走后，你就是我的'人间替身'，只是……"杜雅宁希望钟美不仅要形似，而且更要做到神似，尽可能不要让母亲看出破绽。

钟美仔细观察杜雅宁的一言一行，为的是使自己的语调、动作能与其完全一样。而最难的是声音，因为她们一个是陕西汉中人，一个是四川德阳人。尽管她费了很大工夫克服了自己的方言，可对方的嗓子沙哑，这可不是轻易模仿得了的。一天，她在书中看到，要让声音沙哑，必须得对嗓子采取一些破坏性的做法。于是，她大量吃辛辣食物，更是每天将自己关在屋子里大声说话，或者到野外面对大山使劲呐喊……

那段时间，母亲的一条好腿患了风湿，只好在家休息。为了不让妈妈起疑心，杜雅宁每天都要打电话给妈妈报一个"喜讯"：我的病情好转了！我恢复得很快！

2010年6月的一天。钟美从医院拿着杜雅宁的一大堆衣服回到杜母那儿去洗，老人好不高兴，说："宁宁，快过来，让妈妈给你洗吧！"钟美赶紧别过脸去，满眶的热泪禁不住往下淌。因为这些日子的功夫没有白费，老人果真把自己当成杜雅宁了，她那颗忐忑不安的心终于落了地。

谁知，第二天清晨钟美刚刚从睡梦中醒来，就发现老人坐在她的床边抹着眼泪："孩子，你不是宁宁，我已听人说你叫钟美。"说到这，老人的泪水更是汹涌而下："宁宁已快不行了！"钟美拿了纸巾为妈妈拭去泪水，小声地说："对不起，妈妈，我不是有意欺骗您！"老人摇摇头，说："孩子，真难为你了，你和宁宁都是天底下最好的姑娘。从昨天起,我已在心中把你当成宁宁了!"

2010年8月26日晚,杜雅宁带着一颗满足的心走了。弥留之际,她左手握住妈妈的手,右手拉着钟美的手,微笑着,用尽最后的力气将两人的手重叠在一起……

料理完杜雅宁的丧事后,老人让钟美把儿子接到了德阳,组建成三口之家。

不久后的一天,妈妈对钟美说:"宁宁生前是建筑公司的项目经理,为了感谢你能照顾我,临走之前,她让我把40万遗产一定转交给你。"钟美听后大吃一惊,连连摆手说:"我是您女儿,一家人哪能说两家话,这钱还是您拿着!"

善心不必模仿,更没有必要隐瞒。因为善心是春日的阳光,无论何时,它散发的都会是温暖。

(段奇清)

如何避免友情与利益的冲突

职场关系错综复杂，稍不注意，就会让自己陷入被动局面。尤其是当友情与利益冲突时，很多人茫然失措，不懂得怎样处理两者的关系，甚至犯下职场大忌。那么，当职场友情不可避免地遭遇利益冲突，我们该怎么做呢？

拉开距离，缓和冲突下的紧张气氛

陈莹和张丽从小学起就是好朋友，高中毕业后，两人一同应聘到市里的一家单位做业务员。由于专业知识丰富，加上她们非常努力，两人在工作上如鱼得水。但是慢慢地矛盾产生了，本来两人共同争取来的客户，现在各人都想独自占有。两人经常为此吵得不可开交，甚至将情绪带到生活中来，两人的友谊受到了严重挑战。后来，经过慎重考虑，张丽离开了现在的工作部门，去另外的部门工作，努力与陈莹在客户问题上没有争夺。慢慢地陈莹开始适应了独当一面的日子，工作越做越火。这时，她才意识到，两人虽然是好朋友，但性格不同，在一起注定会影响工作。而张丽也因为及时选择了离开，避免了两人在一起时剑拔弩张的气氛，不再有心理负担，在另外的部门也工作得越来越好。两人又回到了往日亲密无间的生活中。

启示：面对利益冲突，张丽选择了离开，给陈莹留下独当一面的机会。看似逃离，实际是为彼此留下理性思考的空间，避免因为利益而损害友谊。利益面前，张丽的做法不但不会损害友情，还会让彼此的友谊升温身在职场，面对友情之间的利益之争，应该谨慎处置。当发现近距离容易损害友谊时，不妨拉开彼此的距离，给彼此一个空间。这样既有利于发展友情，也有利于维护利益相反，如果遇事不愿"服输"。非要争斗到底，只会让彼此的冲突越来越严重，甚至犯下"背叛"的错误，最终会损人不利己。

敢于说"不"，不让友情左右原则性利益

公司准备购进大批橘子，为下季度的罐头生产储备原材料。当业务经理林明把这个决定公布后，好友黄新便找了过来。黄新告诉他，自己有位亲戚手里正好有一批橘子，希望林明能与自己的这位亲戚做成这笔生意。林明答应先考察一下再说。

然而，此人手中的橘子与公司的认购标准及规定不符。黄新向林明求情道："虽然他的橘子有点问题，但也只是部分情况，影响不大。只要能够合作，价格好商量。希望你能看在我们多年同事兼好友的份上，帮忙认购下这批橘子。"林明对他说："虽然我们关系很

好，但感情归感情，工作归工作，这是原则问题，不能有丝毫马虎。如果我因为咱俩的关系，认购下这批橘子，就损害了公司的利益，这对你我的发展也是不利的。希望你能理解！"听了林明言辞恳切的话，黄新表示了认同："对，一切以公司利益为重，这次确实是我考虑得不够全面。不行就算了，你也不要有什么压力。"两人的手握到了一起。

启示：原料不合格，不符合公司的要求，自然无法合作。林明不为友情所束，敢于坚持原则，按规定对朋友的要求予以拒绝，既维护了公司利益，也赢得了朋友的理解。身在职场，在面对"左手是职场友情，右手是原则性利益问题"的时候，应该坚持原则，谦让而不退让，重原则而不徇私情，不做损害单位利益的事。同时，在利益冲突中，要把握好友谊与利益的平衡点如果因为你站在了原则一边，朋友产生了误解，应该及时向朋友做出解释说明，争取他们的认同和原谅，消除不必要的误会。

真诚善后，不让利益冲突为友情添堵

前不久，公司若干个岗位实行竞聘上岗。李晓决定竞聘某部门经理，好友赵明因为别的岗都不对他本行，也想先报这个岗，等竞聘后再看具体的安排。可是李晓却不理他了。

一日，李晓在办公室里吵闹起来："现在我才知道什么叫'知人知面不知心'！""赵明说他想和我报同一个岗，还说自己肯定不行，

就是想展示一下自己的想法，这不纯属拆我的台吗？"他还放出狠话："我这次算认识他了，我白交这个朋友了，以后得防着点儿他！"

竞聘结束，李晓如愿以偿，赵明也因发挥得比较好而被安排到别的部门任副经理。李晓仍对之前的事耿耿于怀，一副被他人所负的样子。

几天后，赵明决定请全部门的同事吃顿饭，既为自己的荣升庆贺，也希望能借此机会化解他与李晓之间的尴尬。当听到赵明的提议时，李晓有些愤愤不平："和你吃饭，我还有做人的原则吗？"但赵明并没有气恼，更没有放弃，他多次找到李晓解释原因，恳求原谅。私下里，有朋友议论此事时，赵明总是站出来向大家解释："我和李晓是朋友，他脾气不好，迈不过面子，所以才那样做。实际上，私下里我们早已和好了。我们是朋友，都能互相体谅，不会出问题的。"李晓听说了赵明的话后，好好反思了自己，两人终于和好如初。

启示：李晓觉得朋友和自己竞选同一个职位，存在竞争关系，心生不快，情绪可以理解。但赵明渴望有更好的发展，并没有做错。竞聘结束，心胸狭隘的李晓仍耿耿于怀，而赵明却在尽自己的努力为出现裂痕的友情弥补他请李晓吃饭，解释原因，斥以理解的态度平息众人的议论，最终以其宽宏大量的做法赢得了李晓的认同身在职场，当友情遭遇利益冲突的时候，不要意气用事，更不要用所谓的"个人原则"拒绝朋友的主动示好，而应该像赵明一样，始终站

在朋友的角度，及时耐心地想办法处理友情遭遇的问题，努力为朋友着想，用语言、行动劝服处于不良情绪中的朋友

　　职场友情该如何维护，是每个职场人需要好好学习的一课。经营好了，友谊之花会越开越盛；经营不好，注定会让你陷入被动的局面。希望此文对各位迷茫人士有一定的帮助。

（午夜阳光）

是谁偷走了你的感动

朋友给我讲了一个在他生活中真实发生的故事。

前些日子,他开车去沈阳办事,车至中途一处高速入口的地方,看见一个年轻的女人抱着一个宝宝在等车。那天刚好下着淅淅沥沥的小雨,有些阴冷,他心生恻隐,一个年轻的母亲独自带着孩子出行,本来就是件不容易的事,碰巧天公不作美,又下起雨来,如果再把宝宝冻感冒了,那可真是件得不偿失的事情。

他减慢车速把车泊至那对母子跟前,开下车窗对那位年轻的母亲说:"你去哪里?我捎你一程吧!"他以为那位年轻的母亲对他的行为即使不会感激涕零,至少也会露出欣喜和感动。

谁知那个年轻的母亲,只是轻轻地抬了下眼皮,打量了一下他的车,然后问了句:"是返程车吗?收多少钱?"他愣了一下说:"我不是返程车,不收你的钱,顺道载你。"

不说这句还好些,说了这句,那位年轻母亲的脸上,立刻露出警觉的表情,仿佛自言自语,又仿佛是问他:"不收钱?有这么好的事?不会是想到了之后宰我一刀吧?或者另有所图?"朋友哭笑不得，本想跟她解释，看她一个人抱个孩子在路上挺不容易的，想了一想，还是把这个念头压了下去，罢，不解释已把自己的好心当成另有所图，如果解释了，会不会有越描越黑的嫌疑？

朋友跟我抱怨，你说现在的人除了抵御防范，戴着有色眼镜看别人，怎么就不会感动了呢？我一片真诚，她怎么就是看不出来呢？是谁偷走了她的感动？

我笑了，你的脑门上又没有贴着好人的标签，谁会相信一个陌生人？

他走之后，我陷入了沉思，各种虚假广告如烽烟四起，各种骗术花样翻新，防不胜防，一颗原本纯真美好的心灵早已被重重戒心裹住，甚至麻木。

时光有如一只神奇之手，抚过的地方，就再也回不去了。有多久我们都不曾感动过？小时候看电影，会随着剧中的人物亦喜亦悲，泪流满面，欢呼雀跃。现在看电影，演得再逼真，一想到那些明星的花边新闻、炒作和走秀，顿时就会把那些酝酿了半天的感动毫不留情地击溃。

和女友一起上街，在过街天桥上，看到一个八九岁的孩童，守着一张硬纸牌，上面写着母亲因病需要钱，希望过路的好心人伸出援助之手，将来一定会回报给各位，下面还有一些密密的小字，讲述母亲生病和求医的艰难过程。

经过的时候，心里略微地动了下，然而，也仅仅是动了一下，脚步也只是略微迟缓了一下，便在稀疏的人群中，随着朋友一起走过去了。

我拽着朋友说："那个孩子真可怜，该上学的年纪上不了学，守着一块纸牌为母亲筹集看病的钱，他也挺不容易的。"女友像看外星人一样看着我说："你还是地球人吗？亏你连这个也相信，没听说他们比你比我，比很多人都有钱。"我无语，因为我不能保证女友说的一定对，或者是一定不对。

有时候，我也会问自己，是谁偷走了你的感动？这个伪命题，我也答不上来，是时光？是缺乏信任？是虚假泛滥？抑或都不是，是我们缺乏一颗发现真诚的眼睛，缺少一颗充满感动和温情的心。

感动成为一种奢侈的情感需要，所以我们怀恋那些永恒的经典画面：一对皓发白首的老夫妻相携搀扶，公交车上为老幼孕让座的定格，年轻的情侣羞涩地看着彼此的眼神，稚嫩的小儿天真无邪的笑脸。甚至一株花、一棵草、一滴露，能体现出生命的律动和美好的东西，都曾经那么真诚地感动过我们。

（积雪草）

识人之要在于小

我们很多人都无法想象，第二次世界大战的最后阶段，盟军对德军的决战，这一关系到整个战争胜负，关系到全人类命运的决战，与一份人格分析报告密切相关。

这是一份关于希特勒的人格分析报告，报告分析到：希特勒喜欢用长长的会议桌开会，以拉长作为主讲人的他与下属的距离；希特勒向往高鼻梁，几次做过隆鼻术；希特勒对女性并无兴趣，但是他却做出了与当时德国的道德观念格格不入的丑事，与他的亲外甥女相爱……所有这些表明，希特勒是一个有着严重心理障碍，精神十分不健康的人。这份报告呈给罗斯福总统后，罗斯福立即感到，盟军与德军决战的时刻到了。

这份报告的所有内容，都是希特勒的生活细节，但正是从平常的细节中，透视出了希特勒外强中干的本质和脆弱不堪的个性。在这里，由美国情报人员捕捉到的细节，成为价值非凡的资料，成为领导者决策的重要依据和参考：正所谓"知彼知己，百战不殆"。对希特勒的正确认识，成为二战取得最后胜利的催化剂。细节的作用

登高望远，思索的分量才重

可谓大矣，小处的玄机可谓妙矣！

细节见精神，小处能识人，香港领带大王曾宪梓就是坚持这样的识人、选人之道。曾宪梓将一把扫把斜倚在办公室门边，让它对着门口不经意地倒下来。然后不动声色地坐回他的椅子，用扫把来考察测试来应聘的人。来者有的对扫把视而不见，有的见而不理，有的则弯腰扶起。结果，主动扶起扫把并符合其他招聘条件的被选中录用。

曾宪梓这样分析：不扶扫把的人说明他一是不习惯为他人着想。倒在地上的扫把他看到了，他当然不会跌倒，但可能会绊倒别人。二是懒。他不会想不到绊倒别人的可能后果，但就是懒得弯腰扶起。曾宪梓对朋友说："用这样的细微小事来看待一个人也不是没有道理的，有时一些不经意的细节更能说明问题，更能揭示一个人内心的东西，看出他的本质来。"他重视人的基本素质。这比轰轰烈烈的行动更重要。

实际上，小处识人，这是古往今来人们惯用的一个方法，而且是屡试不爽的一个良方。唐德宗时，三吴节度使韩滉善于根据一个人的不同特点，恰当地予以使用。一位老友的儿子来投奔他，却始终没有发现有什么才能。一天，韩滉设宴招待客人，发现老友的儿子，始终端坐在宴席上，不与任何人交谈，于是就安排他看守仓库大门，自此，他从早到晚端坐在仓库门口，将士没有敢随意出入的。

就这样，韩滉从他人不注意的小处发现了一个再称职不过的仓库卫士。

　　宋朝开国皇帝赵匡胤也是识人的高手。在他伐蜀灭唐、统一天下的大业中，不能不提到一个功劳赫赫的大将曹彬。而最初赵匡胤对曹彬的认识是从一件小事开始的。赵匡胤在澶州侍奉周世宗的时候，曹彬是周世宗的亲近小吏，掌管茶酒。赵匡胤曾向曹彬要酒喝，曹彬说："这是官酒，不敢随便送给你喝。"于是，他自掏腰包沽酒，送给赵匡胤喝。赵匡胤后来当皇帝，他对群臣说："在周世宗的旧吏中，忠诚不欺其主的，只有曹彬一人。"因此，赵匡胤把曹彬当作心腹，让他做征蜀军队的都监。曹彬果然称职，屡建奇功，成为一代名将。

　　更善于识人而又有著作问世的当属清代名臣曾国藩了。曾国藩选人之准、用人之当堪称奇迹。当时清朝有名的督抚战将如李鸿章、彭玉麟等都出于他的门下。《清史稿》说曾国藩"尤知人，善任使，所成就荐拔者，不可胜数。一见辄晶其材，悉当。"《见闻琐录》"曾文正知人"条记载这样一件事：曾国藩见过两个名士刘锡鸿、陈兰彬后，说："刘生满脸不平之气，恐不保令终。陈生沉实一些，官可至三四品，但不会有大作为。"后来果然言中。

　　曾国藩的识人之道，集中在《冰鉴》一书中，其识人的奥秘全中小处。如：他的相术口诀说："邪正看眼鼻，真假看嘴唇；功名看气概，富贵看精神；主张看指爪，风波看脚筋；若要看条理，全在语言中。""端庄厚重是贵相，谦卑含容是贵相；事有归着是富相，心存济物是富相。"

关于识人之道，古人总结了很多方法，其中流传最广的当属诸葛亮的用人七观。即：一是"问之以是非而观其志，"就是向他提出矛盾的观点，看他的辨别能力；二是"穷之以辞辨而观其变"，同他反复地辩论一个问题。看他的辨才和应变能力；三是"咨之以计谋而观其识"，请他出谋划策，看他审时度势分析问题的能力；四是"告之以难而观其勇"，把面临的危险告诉他，看他的勇敢和牺牲精神；五是"醉之以酒而观其性"，在开怀畅饮的场合，看他的自制能力和酒醉以后所显示的本色；六是"临之以利而观其廉"，让他有利可图，看他是否廉洁奉公；七是"期之以事而观其信"，和他约定某种事情看他的信用。

总之，七观中"问""辨""咨""告""酒"等无非也是从细节察人，也离不了从小处识人。

"试玉要烧三日满，辨才须待七年期"。认识人是很难的一件事情，即使是被誉为识人若神明的曾国藩，也由衷地对他的幕僚方宗诚说："我之所以能够选拔一批建功立业的良将，是有幸遇到的。尽管人们都称颂我知人，而实际上知人是很难的，我也不敢过于自信。"

是的，知人之难，难于攻尖端。对面常见而不相识者有之；夫妻同枕共眠而不相知者有之；同事同窗熟而不知者有之；父母兄妹亲而不知者有之；下级上级敬而不知者有之。知人越难，越需要知；

知人越难，越离不开小；知人越难，越需要细。因为，大处识人易，而小处识人难；大是大非面前识人易，而小是小非面前识人难。

因此，可以说识人之要在于小，识人之道在于细。

（刘坚）

奖励自己

一位朋友的新作出版了,她奖励自己好好吃一餐、乐一乐。于是邀朋友一聚,我也在其中。平日里不善言谈的她,那晚特别兴奋,喝了许多葡萄酒,说了许多高兴的事。她说,多少年来养成的一种习惯,每当做完一件烦琐累人的事,便要好好奖励自己。

奖励自己,这是一个多么有意义的事啊!平时,我们都把奖励给了他人,给了子女,而恰恰忘了给自己奖励,这是多么不公平呀!其实,在做成功一件事后,自我奖励也是非常重要的。这种奖励,可以是为自己精心选购一本书、一束花、一件饰物、一件衣服;可以是邀朋友一聚,让朋友分享自己的快乐;也可以是做一件自己特别开心的事,或听听歌,或与远方的朋友煲电话粥,或是躺在椅子上翻一翻平时没有空去放松阅读的书……

奖励自己,是一种豁达的人生态度。人生在世,每个人都在不懈地追求、奋斗,为自己,为家人,为国家,为事业。然而,由于主客观原因,要做成一件事又不那么容易。农民要获得丰收,就要默默耕耘;工人要刷新生产记录,就要挥洒汗水;军人要履行职责，就要历尽艰辛；科技工作者要取得创新成果，就要顽强拼搏……而这一切都需要勇气和智慧，都需要付出心血和汗水。一旦成功的花儿绽开了，给自己一个奖励，就是对这种努力的肯定，也是最好的自我慰藉，它表达的是一种热爱事业、热爱生活、勇于进取的人生态度。

奖励自己，是一种获得快乐的最佳方式。快乐是与成功相伴的。有这样一道问答："在这个世界上谁最快乐？"评选出的4个最佳答案分别是：一、作品刚完成，自己吹着口哨欣赏的艺术家；二、正在筑沙堡的儿童；三、忙碌了一整天后，为婴儿洗澡的妈妈；四、经过紧张而劳累的手术，终于挽救了患者生命的医生。这说明要获得快乐并不难，重在自我创造和自我感受。当我们在事业上获得成功后，给自己一个奖励，就是对快乐的品尝；邀朋友一起来分享，一个快乐就变成了两个乃至更多的快乐，小快乐变成了大快乐，而这又是一件多么快乐的事呀！

奖励自己，是为自己新一轮成功鼓劲加油。当今时代，竞争激烈，事业之河百舸争流、千帆竞发。一个人在事业上获得一次成功，取得一些成绩，只能证明过去，短暂的庆贺一番尚可，而长久地陶醉其中，沾沾自喜，就会松懈自己的斗志，放慢前进的脚步，而成为时代的落伍者。因此，奖励自己，不是骄傲自满，更不是得意忘形，而是促使自己在成功面前保持理智，把自我奖励变成自我激励的动力，鞭策自己跃马扬鞭，再创辉煌。

"行至水尽处,坐看风云起"。给自己一次奖励,就是给自己一个肯定,给自己一份信心,给自己一个继续努力的支点。诚如一位哲人所说:"如果事业是一种乐趣,那么,自我激励就是这种乐趣的催化剂"。多一点自我奖励,会激发自己轻装前进,"唱着歌儿去赶赴明天的盛宴"。

(向贤彪)

人生"混"不起

大千世界，芸芸众生，天高任鸟飞，海阔凭鱼跃，一个人一个活法。俗话说"猪向前拱，鸡向后刨"，各有各的道。但奋斗了几十年，已进"四十不进，五十不留"，从政还是科员，经商依然"林家铺子"，做学问就那么几块"豆腐干"，于是便觉得憔悴，觉得太累，感叹茫然后便左顾右盼。在东扑西抓、忽冷忽热、乍惊乍疑后丧失信心，苟且偷安。于是把"坐禅"的生涯叫作"混"，官职的升迁叫作"混"，买卖的亏盈叫作"混"，工作是混事，生活是混日子，做一天和尚撞一天钟，甚至多年的和尚不撞钟，仿佛这世界宛如古代神话中的洪荒混沌。

曾怯生生地问过一位朋友：为什么把生命不息、奋斗不止、明快浪漫的人生冠以"混"字，答曰：光阴似白驹过隙，稀里糊涂人到中年，青少年的幻想成泡影，生活枯燥乏味，不是"混"，难道是"享受"不成？哑口无言的正是此话，不是惮于上对不起父母下对不起子女而有愧人生，而是往往在检点自己得失时，实在也觉得在"混"。日子一天天过去了，日出而作，日落而息，司空见惯，习以为常，好像永远是长长的日子艳阳天，以为每一个日子总有循环往复，无穷无尽。因此不足为奇，因此不值得珍惜。直到忽然有一天，发现光阴逝去，两鬓染霜，而功未成，名未就，这才恍然大悟，悔恨过去不懂得珍惜时间；这才沉痛慨叹，为什么等闲白了少年头？此时，如果在"混"和糊涂中能幡然悔悟清醒人生混不起，能够在不多的时光中加倍地追，加倍地跑，加倍地劳作而有所作为的话，我想并不可怕，尽可以休息一会儿反刍走过的路。在吃饱了鸡鸭鱼肉后，在"扑克牌里重重日，麻将声中又新年"中，在唱卡拉OK，打高尔夫球时，不妨问一问自己：人为什么活着？活着难道就是为了恣肆的享受吗？活着难道就这样碌碌无为吗？问了这些简单问题之后，会使头脑清醒一点，会减少一些糊涂的认识而重振雄风。

　　是的，平凡的人，干的是平常的事，过的是平铺直叙像流水账一样的日子，但要真正感受到生活的快乐生活的意义，还得靠自己的努力塑造自己的形象，唯一的办法，就是有着理想和信念，有着生活的动力和支柱，使自己奋斗着。"砍头不要紧，只要主义真"的力量源泉在于此，平凡人干平常事乐在其中的奥妙也在于此，否则是行尸走肉而已。不能否认，岁月的艰难，事业的挫折，会磨平人的"鳞甲"，我们已没有了"大江东去浪淘尽，千古风流人物"的豪放气概，没有了"问苍茫大地，谁主沉浮"的勃勃雄心。但岁月所赐的许多感受，许多阅历，许多经验，可以使我们在事业上更加成熟，更为得心应手，什么困难在我们面前都得低头。人生能有几回搏？我们在有限的时光内可以满怀信心，痛快地做许多有意义的事，春华秋实大器晚成定当不成问题。

殚精竭虑，好久，我才悟出："混"实际上是一种极不自信的内心独白。因为不自信，于是随大流，于是把自己淹没于人海，看不到自己的成绩。自己工作进步，评上先进或晋升职称，便以"混"代"胜"，不敢豪爽地说一声：这是我个人所赢得的。遇上原则问题，手捻长髯，背诵着千古绝唱"难得糊涂"，不能坚持原则办事。因为不自信，于是不进取，于是把自己看得一钱不值。失败比成功要多，然而失败却比成功更令人难于接受。

失败后还有失败，自卑后更加自卑。于是自卑恶性循环进而终成"混"。

朋友们：人生"混"不起，我们已到了成熟和彻悟的时候，与其叹息生活的不公，不如用自己的行动给自己找回公平。

（许金芳）

谁的夜晚比白天更长

这个世界上有没有永恒的绝望，关于这个问题，我最喜欢哲学家给出的那个答案：上帝为你关闭一扇门，就会打开一扇窗。

一个女性朋友，生得有几分丑，家境却还好。父母留下的遗产大约有几十万。有个英俊的男人很快走近了她，所有人都看得出那个男人的目的，可是，她说什么也不相信。两年后，他骗光了她所有的钱，消失了。

我们都以为这个女人挨不下去了，可是，几年后，却在一场时装秀的场子里，看到她飞快地跑来跑去。原来她成了一个化妆师，而且在业内小有了名气。

往事重提，我愤愤地诅咒那个男人，她却悠悠笑着啜下一口咖啡：其实，我最感激的人是他。如果没有他，我的全部注意力还只放在那几十万遗产上。而现在，我无法预计，自己还会创造出怎样的财富。

我这才知道，她现在每月的收入已经到了五位数。

归纳自己的心得，她只有一句话：能有今天这一切，都是因为我的夜晚比白天更长。

临别时，她送给我一部纪实电影《花落花开》。

1864年9月2日，法国瓦兹河畔的奥威尔降生了一个小女孩儿。她的爸爸是个钟表匠，妈妈是个牧羊女。家境贫寒的她，童年在学校和牧场之间度过。

长大之后，这个女孩儿依然是一个不招人喜欢的姑娘。父母双亡后，她开始在乡下做钟点工，每天去不同雇主那里洗衣、做饭、酿酒，她所拥有的生活，几乎全部是斥骂、责备、白眼和冷落。

每个傍晚，雇主家温暖的壁炉点燃之后，这个姑娘将丰盛的饭菜端到桌子上，在别人的欢笑声中，默默地走到门前，换上老旧寒酸的布鞋，穿上露着破洞的外套，回父母留给自己的漆黑的房间。

她甚至从来不害怕走夜路。即便最邪恶的罪犯，也不会对这样一个邋遢沉默的姑娘动心思。

她唯一的乐趣，就是房顶上的一块彩绘玻璃，那是她小时候爸爸在教堂里捡来的废弃品，每个夜晚来临的时候，这个姑娘都会看着星光下瑰丽的彩绘图案发呆，一块简单的玻璃上，她不仅看到了星光，还看到了一种遥远的神秘。

那种神秘好像细密的雨，一天天落下来，终于在她的心中形成了涌动的河流，终于有一天，她忍受不了那河流的冲击和震撼，将猪血和草汁搅拌在一起，在地板上、木片上、草纸上开始作画。

这一年，她正好40岁。

人们惊讶地听到了这个女佣沙哑跑调的歌声和酣畅的笑声，没有人知道有什么东西值得她这样快乐，直到，他们看到她的画。

那些奇幻的花朵和叶子，还有发光的羽毛和燃烧的森林。在那些天真诡异、夸张又拘谨的画面中，人们看到了一个让人惊讶的广阔灵魂。

他们几乎不敢相信，上帝竟然将一种庞大的智慧放在一个近乎无知的女佣手中。

1912年，德国艺术评论家伍德，偶然在桑利斯小镇看到了她的作品，惊为天人的同时，这个名字很快就成了法国朴素派画家的代表。

这个女人就是世界著名朴素艺术家萨贺芬·路易。

电影结束了，黑暗中，我似乎看到了一束光，一束奔跑的光。这束光里，我看到了笨拙的萨贺芬躬身在星光下作画，也看到了被人欺骗的女友，灯光下一次又一次在不同的脸上涂抹脂粉。那个瞬间，我终于明白了女友的那句话：我的黑夜比白天更长。

是呀，只有当黑夜比白天更长的时候，那些追逐梦想的人才能在沉默中积攒更多的力量。

电影中，萨贺芬·路易在寒冷的房间中一边唱歌一边疯狂作画，一朵朵鲜花怒放出来，她的作品日渐完美。我给女友打电话：我在萨贺芬的身上，看到了你的影子。

她爽朗地笑了。

（琴台）

行动比抱怨更有效

在我们身边，总有一些喜欢抱怨的人，他们抱怨领导，抱怨家人，抱怨环境，抱怨生活，抱怨社会。可是，更多的时候，抱怨是无济于事的。没有人喜欢和一个絮絮叨叨、满腹牢骚的人在一起相处。再说，太多的抱怨只能证明你缺乏能力，无法解决问题，才会将一切不顺利归于种种客观因素。若是你的上司见你整日哼哼唧唧，他恐怕会认为你做事太被动，不足以托付重任。所以有发牢骚的工夫，还不如动动脑筋想想办法：事情为什么会这样？怎么才能把它解决掉？

有个小故事相信很多人都看过，说是一个人被老虎追赶，情急中攀上悬崖绝壁的一根枯藤。这时，老虎在下面咆哮，这个人紧紧抓住枯藤不敢松手。在万分紧急的时刻他猛然抬起头，看见悬崖上一只老鼠正在啃这根枯藤，已经啃了一大半，很快就会啃断。面对此种险境，如果是你，你会怎么办？会不会憎恨老虎抱怨老鼠？再看这个人，他正在焦急之时，突然发现眼前的绝壁中有一颗鲜艳的草莓。他忘了下面正在咆哮的老虎，忘了上面正在啃藤的老鼠，而是伸出一只手摘下那颗草莓放在嘴里。当草莓的清香流进心里，他顿时有了动力，跃身跳上绝壁，逃过老虎的追击。

这个故事或许不太真实，但它揭示的道理却令人震撼。在危急关头，抱怨是最消耗能量的无益举动。美国最伟大、最受尊崇的心灵导师之一威尔·鲍温在《不抱怨的世界》中提出了神奇的"不抱怨"运动，它正是我们现代人最需要的。天下只有三种事：我的事，他的事，老天的事。抱怨自己的人，应该试着学习接纳自己；抱怨他人的人，应该试着把抱怨转成请求；抱怨老天的人，请试着用祈祷的方式来诉求你的愿望。这样一来，你的生活会有想象不到的大转变，你的人生也会更加的美好、圆满。

所以抛弃抱怨，积极行动才是最重要最有效的。比如写作，当然是件辛苦事，但写作之前一个人往往会想，这篇文章应当有怎样的主题，怎样既能契合大众的阅读口味又能达到精英水准，寄给编辑能不能被采用。文章以外的种种考虑有时比写一篇文章更给人添累。当你提起笔把写好写精彩作为努力的方向，抛开种种功利目的的考虑，尽可能做到淋漓酣畅地表达，这样写的结果，反而会很成功，至少不会失败。

请记住，同事和朋友只是你的工作伙伴，就算你抱怨得句句有理，谁愿意洗耳恭听你的指责？每个人都有貌似坚强实则脆弱的自尊心，凭什么对你的冷言冷语一再宽容？很多人会介意你的态度："你以为你是谁？"在一个竞争激烈的社会，每个人都在追求成功，你只有让自己变得强大起来，才能让别人看得起你，才能接近成功。而不能靠抱怨获得别人的同情，施舍给你成功。那样的成功是短暂的、没有喜悦感的。

借用《不抱怨的世界》中的话送给时下年轻人，相信大有益处：我们的抱怨多半都只是一堆"听觉污染"，有害我们的幸福健康；这不是赛跑，而是一种过程；改变你的措辞，看着自己的生命有所改变；学会不抱怨之后，心情会比较开朗，也会有能量去面对生活中的各种难题；当不抱怨变成一种个性的特质，最大的受惠者还是自己；凡是你所渴望的东西，你都能够得到。

（柯云路）

最美丽的你在路上

就好比读书,书中全是人间的悲喜剧,可你看着看着,就会忘了结尾,忘了开始,甚至忘了作者,只有那跌宕起伏的剧情,在你沧桑的心中,如星光闪过。

就好比旅行,往往在抵达目的地之后,就意味着旅行的结束,远山近水无非是平常的一抹幽翠、几许沧浪。而最值得回味的,则是旅途中那浪漫无尽的遐想。

就好比浪漫,是一种感觉而不是一种结果,春花凋零、秋月眠去都无所谓,而真正在意的,却是我们心中的花落水流。就好像我们坐在公交车上,会常常想,要是这趟车没有终点,该多好。

就好比友谊,令其无可匹敌的,绝不会是信誓旦旦的许诺,更不会是功利权衡的交易。患难与共的品质,只有经历了峥嵘岁月的锤炼,方能坚不可摧,历久弥香。

就好比爱情,其结局无论是劳燕分飞还是修成正果,能让你感到心痛或是甜蜜的,往往是两个人的过程,而不是归宿。就好像童话故事中的王子与公主,只写到相恋牵手,至于后事如何,便没了下文。

就好比人生，在功成名就之后，必然会不知所措，就好像世上没有最高的山巅，同样也没有永远的辉煌。而你的回忆录中说得最多的，绝对不会是金光闪闪的奖牌，而是征途中漫漫的风雨交加。

就好比天空，湛蓝清澈，广袤深邃，能够震撼和感动你的，不是太阳，也不是月亮，而是你追求探索的目光，在穿越时空的隧道中，激荡出浩瀚的烁烁清辉。

在路上，花香在路上，青春在路上，生命在路上，一切都在路上，所以，请你不必快马驰骋，刻意寻求结果的彼岸。因为彼岸会有一面镜子，你看到的只是自己的昨天，而绝不是明天。

或许此时，你正在欢笑的路上、寂寞的路上、幸福的路上、忧伤的路上……但是，只要在路上，你就是最美丽的，因为，你正用踏实的脚步走出芬芳绚丽的章节，流光溢彩的年华终会开花。

（周勇）

在困境中向往美好

报社来了一些实习生，我也带了一个，是新闻学院快毕业的姑娘。我给她出的题目是去找一个建筑工地，和打工的外地民工生活一天。我自己给自己的任务是和一个捡垃圾的人生活一天。我们要策划四大版的"普通人在城市的一天"这样一个选题。

第二天各路人马都回到了报社，大家似乎都有收获。有人讲得非常感人，我带的那个实习生讲得最感人。

她说她在一个建筑工地上碰见了一个小姑娘，那个小姑娘是工地上用手工弯铁丝网的，一天要干十几个小时。

她讲，她的最大愿望就是看看天安门。很小从课本上知道了首都北京有个天安门，但她来了也没有时间去看，因为她在工地上要从早上8点一直干到夜里。太累了，工头也不让她晚上走出工地，没有一个休息日，因为要赶工期。她说她最大的愿望就是干完了这个短工，去天安门看一看。

一个人一生最大的愿望就是去看一看天安门！而为此她要付出在一家工地工作三个月的代价。我们很多人经常经过天安门，早已熟视无睹了。但实习生的这个故事让大家都有些震动。

我跟一个从河南来的捡垃圾的老头生活了一天。早晨7点钟,在朝阳区一个郊区空地中,几百个捡垃圾的人在卖前一天捡的垃圾,那种情景让我想起狄更斯笔下的伦敦:几百个衣衫褴褛的人在卖垃圾,收垃圾的人把垃圾收走,然后,他们就提着空蛇皮袋,四散而去了。

这是一些生活在城市夹缝中的外乡人,以中老年人为主。我和河南老人一边沿着他固定的线路走,一边听他说话。他熟悉活动区的每一只垃圾桶,每一个垃圾堆。他讲了许多,那种感觉很像余华的小说《活着》中一个老人给一个青年讲活着的故事,非常像。讲人的生生死死,恩恩怨怨。到了晚上,我和他一起回到郊区他租住的一间小平房,那是一间只有7平方米左右的小房子。他拉开了墙上的一个小布帘,在墙上有一面木架子,上面从上到下摆满了各种各样的空香水瓶!那些都是他的收藏。香水瓶的造型大都很好看,老人搜集的足有二百多个,一刹那它们的美让我震惊,也让这个老人的小屋和他底层的人生发亮了。

这两个故事都是真实的。他们是生活中的乐观者,卑微愿望的满足者,也是热爱生活的人。

(邱华栋)

梦想的力量

她考上了中国音乐学院学习古筝，可是学习古筝是父母的愿望，而她的兴趣却是文学。

大学毕业后，她争取到了留学的机会。第一次去美国，她拿着一个行李箱，站在曼哈顿的街头，由于英文不好，问了三个小时才找到学校。然而，当她去学校报到时，校长说："孩子，你回去吧！因为签证的原因，晚到的你已被人顶上了，所以我们无法再录取你。"她一次次固执地把那张存着学费的支票推过去，在那张校长的桌子上来回推着，最终还是没能留下来。

她拖着疲惫的身子准备返回，在曼哈顿的大街上，恰好遇到了COSMOPOLIITAN的终身主编。老主编已经七十多岁了，脸上沟壑纵横，但眼睛非常有光。她鼓起勇气用蹩脚的英语打了声招呼，并告诉老主编她想成为一名杂志人。老主编问她："你知道做杂志是为了什么吗？"她说了很多答案。最后老主编说："做杂志是要帮助人。"那句话刚落地，她就决心回去发展。

回国后，她走进了刚刚创刊的《时尚》杂志社。由于年纪小，没有经验，老板面试时问她："你想来做什么？"她说："你想让我做什么我就做什么，只要您需要。"老板说："我们现在办公的只是在一个四合院，非常小，我们一共七个人，你要想来，每天早上你必须来生炉子，中午要做饭？"她点头答应了。

上班后，她生炉子、抄信封、打杂、整理资料和广告催款。有一天，老板对她说："社里有一笔钱你把它催回来，在赛特大厦。"其实，她也不知道怎么催钱，但义无反顾地骑着自行车来到赛特大厦。在前台，她见到一位秘书说："你好，我想找你们经理。我是《时尚》杂志的，来催款的。"秘书都没正眼瞧她就说："等一下，经理在开会。"她没听懂对方的意思，就坐在前台等。秘书看不下去了，暗示说："经理不知道什么时候回来，你明天再来吧。"她说："不行，老板让我把钱要回去。"说完，她就在那儿一直坐着。秘书在她旁边说了几次，见她还是一直坐在那儿，也忍不住了，找到经理签了张支票递给她。老板惊讶地说："没想到你把钱要回来了。"她微笑着，默默地告诉自己：这个世界上没有事情是办不成的，只要你够勤奋、够执着。

后来杂志社有了发展，她也得到提升。她责任心重，喜欢凡事亲力亲为，每天开会、上班、见客户、跑场，一天只能睡四五个小时。有同事抱怨加班过多，她总是大度地安慰他们说："如果你把工作变成生活的一部分，你就没有那么痛苦了，如果你很喜爱工作，你会觉得工作也是休息，工作是娱乐，工作是学习，工作是对自己的锻炼，所以要坚持我们所热爱的工作。"

凭借这种精神，她升任为时尚传媒集团出版副总裁，《时尚芭莎》杂志执行出版人兼主编，成为中国目前最资深时尚杂志专业人士。她就是被人称为"时尚教母"的苏芒。

当被问及为什么能够成功时，苏芒说："梦想给我无穷的力量，不断奋斗、创造出美好的生活，也给我喜悦、骄傲，为我赢得别人的感激、长久的尊重。我想对所有的女士说，要做一个追梦的人。也许你从不知道梦想的存在，甚至你常常会怪梦想夺去了你多少浪漫的年华，可是，你从心里是知道的，梦想是你生活的基石，是你最坚强的后盾，梦想是你美好的未来，总给你无尽的希望，会随你的心一直到达生命的终点。"

（邹峰）

揣着愿望不必等流星

那个时候，小城里到处都是拉着行李车卖薄荷糖的人。

"薄荷糖，薄荷糖，清凉润喉，先尝后买，当场试验。"这是他们的统一吆喝。

他就是卖薄荷糖队伍中的一员，那是17岁那年的暑假，他已经抱定了经商的念头，打算就此和学校诀别。

他打算把第一桶金拴在卖薄荷糖上。于是，他也购置了一个行李车，在炎热的柏油马路上拉着，高声喊着一致的吆喝："薄荷糖，薄荷糖，清凉润喉，先尝后买，当场试验。"

刚开始，他还有些害羞，后来，毒辣的太阳把他的脸蛋晒得黝黑，他也顾不上这些了，扯开了嗓子兜售刚刚批发的薄荷糖。

那清凉清凉的薄荷糖啊，是多么解暑，他可以免费给顾客品尝，自己却舍不得吃一粒。他拉着行李车，慢腾腾地在街道上走着，东张西望地等待着自己的客户，却很少有人光顾。

大街上，百步之内就有一个卖薄荷糖的，这个生意在一开始做还可以，现在，僧多粥少，就那么大个市场。

登高望远，思索的分量才重

为了改善局面，他开始把目光瞄向小巷。

这是一座历史悠久的文化名城，藏在小巷深处的多是机关单位，报社、电视台，还有图书馆，当他拉着行李车来到图书馆时，一个看门的老大爷叫住了他，买了他一袋薄荷糖，并和他攀谈起来。

"孩子，看你的年龄，应该还在上学呀？"

"是的。放暑假了。"

"真难得呀，暑假还想着锻炼自己，真了不起。"

"不是，大伯，我是不想上学了，我想做生意。"

"为什么？"

"我也想好好读书，将来当一位企业家，可是我家庭条件不好，我想通过做生意赚点钱，然后再读书，之后再达成夙愿。"

听了他的讲述，看门老大爷陷入了沉思，他说："这样你看行不行，从今以后，如果你还上学，课后可以到这里来看书，如果你决定从此继续卖薄荷糖了，这里依然免费向你开放。"

他眼泪汪汪，不知说什么好。

老大爷摸着他的头，和蔼地对他说："我年轻的时候，也和你一样心怀梦想，我的梦想是做一名图书馆馆长，后来，我一直等这个机会，但是，好运似乎并不光顾我，我只能做了图书馆的看门人；后来，我的儿子大学毕业后，帮我圆了这个梦想，他成了新一任图书馆馆长，而我，还在看门。儿子有一句话，说到了我的心坎上，儿子说，很多人都拥有梦想，怀揣着梦想，何必非要等待流星飞过呢……"

那年夏天,在小城的大街小巷,总有人看到一个黝黑的小伙子,拉着行李车走着吆喝叫卖,那就是他。

暑假过后,他返回了学校,用卖薄荷糖的钱交了学费……

十五年后,当年那个小伙子,成了当地著名的企业家,他开了一家服装加工厂,主要招收下岗工人进入他的公司。同时,他还鼓励自己的员工做家庭作坊,自己做老板。

他最喜欢给员工说的一句话就是:其实,老板是等不来的,没有流星,愿望一样可以实现……

(李丹崖)